______________ 님의 소중한 미래를 위해

이 책을 드립니다.

반나절이면 충분한

수도권 자전거 여행

반나절이면 충분한

수도권 자전거 여행

반나절이면 주말이 행복해진다

김병훈 지음

원앤원스타일

반나절이면 충분한 수도권 자전거 여행

초판 1쇄 발행 2016년 3월 2일 | 초판 2쇄 발행 2018년 1월 3일 | 지은이 김병훈
펴낸곳 (주)원앤원콘텐츠그룹 | 펴낸이 강현규·박종명·정영훈
책임편집 심보경 | 편집 이가진·이광민·김윤성
디자인 최정아·홍경숙 | 마케팅 안대현
등록번호 제301-2006-001호 | 등록일자 2013년 5월 24일
주소 04591 서울시 중구 다산로16길 25, 3층(신당동, 한흥빌딩) | 전화 (02)2234-7117
팩스 (02)2234-1086 | 홈페이지 www.1n1books.com | 이메일 khg0109@hanmail.net
값 14,000원 | ISBN 978-89-6060-864-1 13980

이 도서의 국립중앙도서관 출판시도서목록(CIP)은 e-CIP홈페이지(http://www.nl.go.kr/ecip)에서
이용하실 수 있습니다.(CIP제어번호 : CIP2016002750)

자전거를 사라.
만약 네가 살아 있다면 후회하지 않을 것이다.

• 마크 트웨인(미국의 국민작가) •

수도권에 살면서
자전거를 타지 않는다면?

"수도권에 살면서 자전거를 타지 않는다면?"
이라는 질문에 대한 답은 "전철을 이용하지 않는 것과 같다."입니다.
서울과 수도권에는 전철망이 거미줄처럼 촘촘하게 뻗어 있어서 어디
든지 편하게 갈 수 있습니다. 지금의 수도권 전철망은 도쿄나 뉴욕,
런던에 못지않은 세계 최고 수준이니 수도권에 살면서 이처럼 편리
한 전철을 타지 않는 것은 현대문명의 혜택 중 하나를 누리지 못하는
것과 같겠지요. 실제로 많은 사람들이 전철을 이용하고 있습니다.

수도권에는 전철망에 버금가는 자전거도로망이 조성되어 있습니
다. 흔히 서울 한강에만 자전거도로가 있다고 생각하기 쉬운데 한강
본류는 물론이고 대부분의 한강 지류와 폐철로에도 안전하고 편안

한 자전거도로가 나 있습니다. 그래서 수도권에 살면서 자전거를 타
지 않는 것은 전철을 타지 않는 것과 마찬가지로 문명의 혜택을 저버
리는 것이 됩니다. 자전거가 가져다주는 놀라운 즐거움과 건강까지도
외면하는 셈이지요. 수도권은 단순히 각박한 도시가 아니라 근사한
자전거 코스를 지닌 매력적인 곳이라는 것을 알려드리고 싶어 이 책
을 썼습니다.

이 책에서 소개한 26개 코스는 수도권 주민이라면 반나절이나 당일
치기로 가볍게 다녀올 수 있는 루트를 나름대로 구성해본 것입니다.
이 책에서 소개한 코스들의 특징은 4가지로 요약할 수 있습니다.

초보자 난이도

노약자와 자전거 초보자도 큰 부담 없이 길을 찾고 완주할 수 있는
곳을 뽑았습니다. 대부분의 코스는 자전거도로 위주로 되어 있어서
안전하고 편안하게 달릴 수 있습니다. 마지막 '장거리 코스'는 초보자
에게는 무리가 있을 수도 있지만, 이들 코스의 완주를 '초보 딱지'를
떼는 관문이라고 생각하고 도전해봐도 좋겠습니다.

특별한 경관

자전거를 운동 삼아 타는 분들도 많지만, 자전거의 진정한 미덕은
당당한 교통수단이자 최고의 여행수단입니다. 적당한 자전거 속도로

풍경과 세상을 깊게 만날 수 있습니다. 여기서 소개한 코스는 경관이 아름답고 특별한 볼거리가 있는 곳들입니다. 반나절만으로도 자전거 여행의 진가를 만끽하실 수 있을 것입니다.

원점회귀

편도 코스는 출발지로 되돌아오는 것이 난점입니다. 여기서는 코스를 돌고 나서 출발지로 다시 돌아오는 원점회귀 코스를 원칙으로 삼아 정리했습니다.

전철 활용

전철을 활용하는 코스를 다수 포함시켰습니다. 경의선·경원선·중앙선은 평일에도 자전거 승차가 가능하고, 나머지 노선도 휴일에 자전거를 들고 탈 수 있습니다. 전철 노선을 잘 활용하면 갈 때는 자전거로, 올 때는 전철을 이용할 수 있어(반대도 가능) 시간과 체력을 아낄 수 있고 여행을 보다 다채롭게 즐길 수 있습니다.

흔히 '코스'라고 하면 마치 등산코스처럼 실제 현장에 '○○ 코스'라는 안내문이나 이정표가 붙어 있을 것이라고 받아들이기 쉬운데 그렇지 않습니다. 이 책에 수록된 코스들은 제 나름대로 루트를 짜고 이름 붙인 것들입니다. 이 책에서 소개한 대로 가면 거리와 풍경을 둘러보는 데 드는 소요시간이 반나절이나 하루 일정으로 적당할 것입니다.

자전거 코스는 누구나, 얼마든지, 마음대로 만들 수 있습니다. '나만의 코스'를 만들어서 몰래 즐기거나 다른 사람들과 공유하는 것도 좋은 방법입니다.

인구의 절반이 모여 살아 살풍경하고 복잡하게만 느껴지는 수도권이지만, 자전거를 타는 순간 한층 여유롭고 멋진 곳으로 돌변한다는 사실을 이 책을 통해 발견하시길 기원합니다.

김병훈

지은이의 말

수도권에 살면서 자전거를 타지 않는다면? •6

Section 1

서울 순환 코스 5선

Section 3

수도권 외곽 코스 6선

수도권 해안 코스 6선

Section 5

수도권 장거리 코스 4선

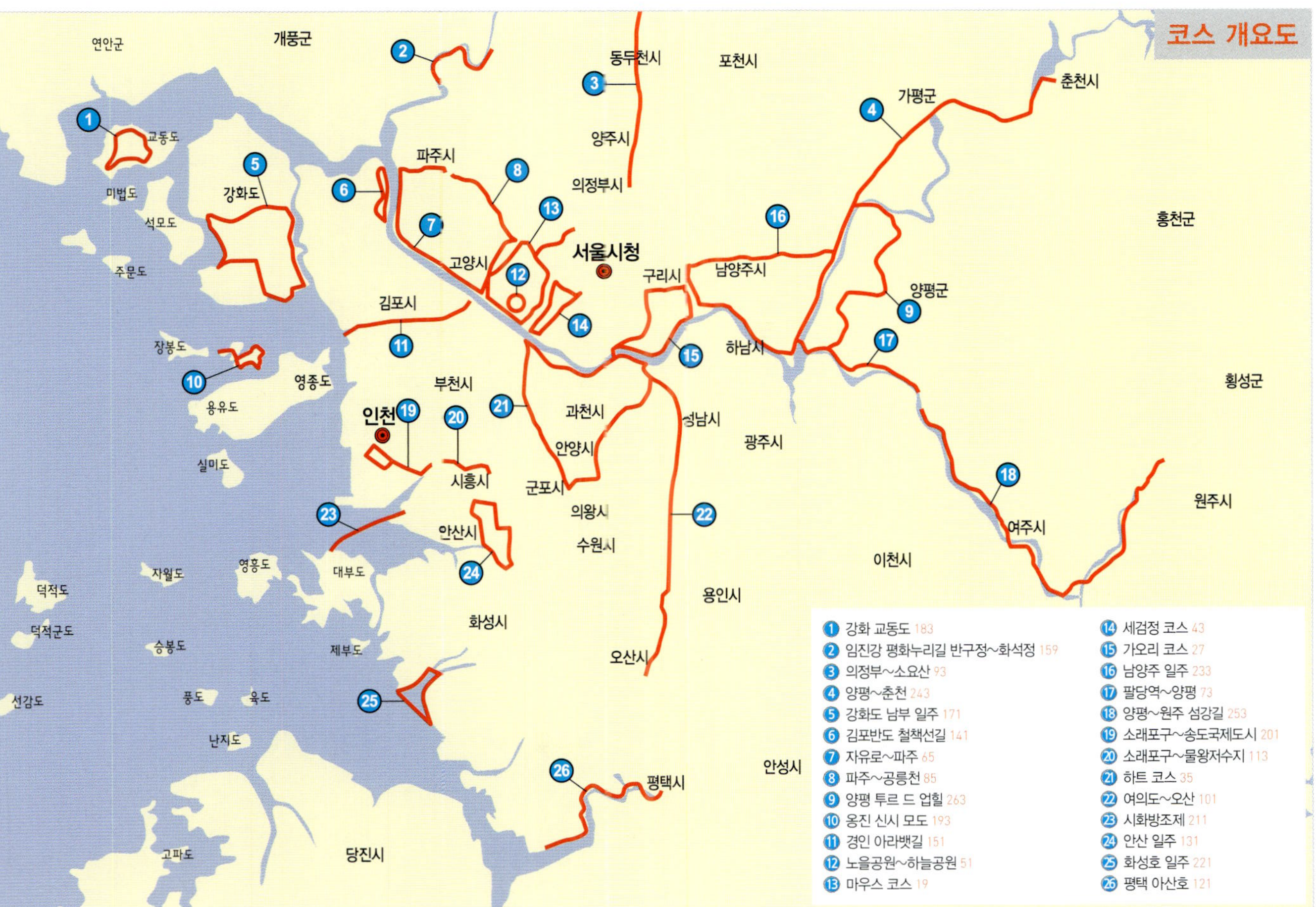

코스 개요도
1 강화 교동도 183
2 임진강 평화누리길 반구정~화석정 159
3 의정부~소요산 93
4 양평~춘천 243
5 강화도 남부 일주 171
6 김포반도 철책선길 141
7 자유로~파주 65
8 파주~공릉천 85
9 양평 투르 드 업힐 263
10 옹진 신시 모도 193
11 경인 아라뱃길 151
12 노을공원~하늘공원 51
13 마우스 코스 19
14 세검정 코스 43
15 가오리 코스 27
16 남양주 일주 233
17 팔당역~양평 73
18 양평~원주 섬강길 253
19 소래포구~송도국제도시 201
20 소래포구~물왕저수지 113
21 하트 코스 35
22 여의도~오산 101
23 시화방조제 211
24 안산 일주 131
25 화성호 일주 221
26 평택 아산호 121
연안군
개풍군
동두천시
포천시
가평군
춘천시
양주시
의정부시
파주시
홍천군
고양시
서울시청
구리시
남양주시
양평군
하남시
횡성군
김포시
부천시
과천시
안양시
성남시
광주시
군포시
의왕시
수원시
용인시
이천시
여주시
원주시
인천
시흥시
안산시
오산시
안성시
화성시
평택시
당진시
교동도
미법도
석모도
주문도
강화도
장봉도
영종도
용유도
실미도
덕적도
덕적군도
자월도
영흥도
대부도
승봉도
제부도
선감도
풍도
육도
난지도
고파도

서울 시내를 흐르는 한강 본류와 지류에는 100% 자전거길이 나 있다. 하지만 강줄기가 각자 동떨어져 있어 순환코스를 잡기가 어려운 것이 흠이다. 편도로는 갔던 길을 그대로 돌아와야 해서 지루할 수 있지만 순환코스는 새로운 길만 따라 한 바퀴 돌 수 있어 한층 흥미롭다. 한강 본류와 지류의 자전거길을 최대한 활용할 수 있는 순환코스를 소개한다.

서울 순환 코스 5선

- 마우스 코스
- 가오리 코스
- 하트 코스
- 세검정 코스
- 노을공원~하늘공원

창릉천 따라
북한산 초입까지 37km

코스 형태가 컴퓨터 마우스와 닮았다. 한강 본류와 창릉천, 불광천을 연결하면서 마우스 꼬리는 북한산국립공원까지 뻗어난다. 행주산성 옆에서 한강과 합류하는 창릉천은 발원지인 북한산의 산악미와 원흥·삼송지구 같은 신도시, 하류의 전원풍경까지 거리는 짧지만 경관이 다채롭다. 서울 서북부 시가지를 관통하는 불광천은 도시 속 여유를 선사한다.

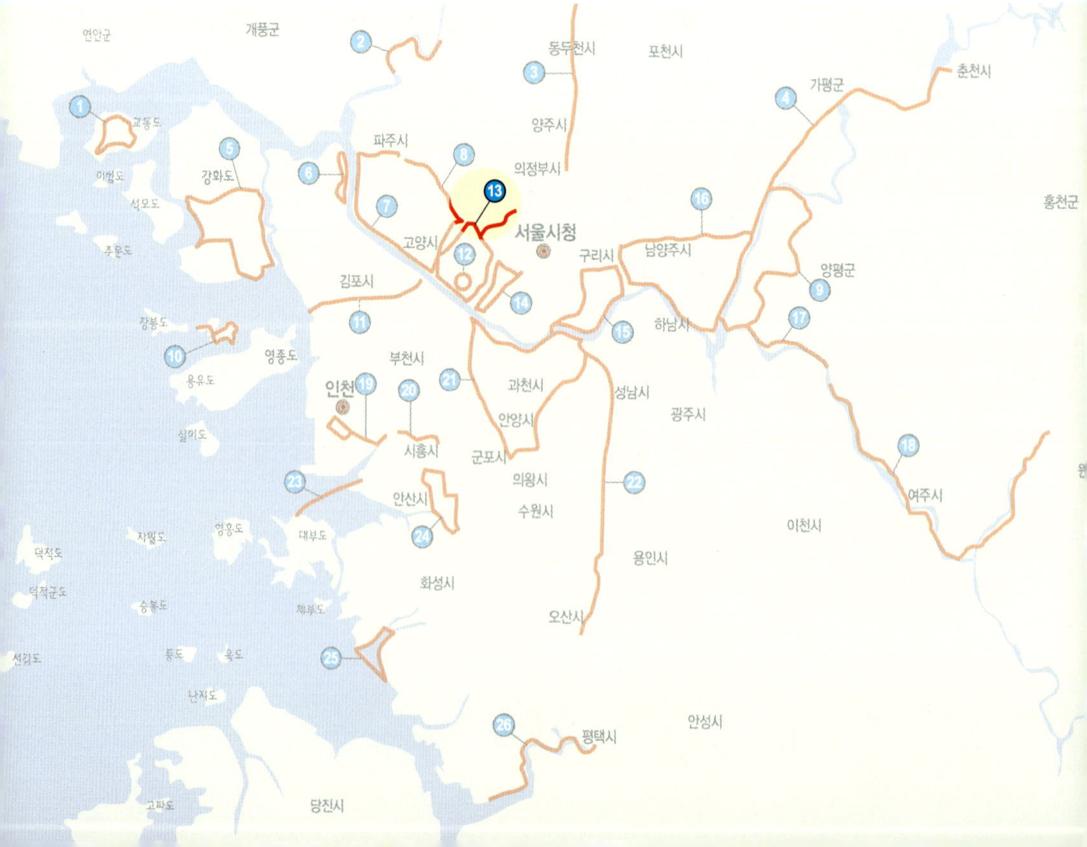

마우스mouse 코스는 코스의 형태가 PC 마우스와 닮아서 붙인 명칭이다. 서울 서북부에 자리하는 이 코스의 출발점은 코스가 지나는 어디든 상관없지만, 한강 본류 자전거길을 끼고 있는 월드컵공원이나 난지한강공원이 적당하다. 여기서는 난지한강공원을 출발점으로 잡았다. 순환코스라서 어느 방향으로 가도 무방하나, 시계 방향으로 도는 것이 길 찾기에 다소 편하다.

코스는 그렇게 길지 않지만 한강 자전거길의 종점으로 여겨지는 행주산성과 인적이 드문 창릉천길, 그리고 북한산 지척까지 이어지는 교외 풍경 등이 매우 특별하다. 구파발에서 박석고개를 넘어 응암역까지 시내를 통과해야 하는 것이 다소 부담스럽게 느껴질 수 있지만

인도가 넓고 갓길에도 자전거길이 조성되어 있어 크게 무리할 일은
없다.

창릉천 따라
북한산까지

　　　　　　　난지한강공원에서 행주산성 방면으로 6.5km
가면 방화대교 아래의 창릉천 삼거리가 나온다. 강을 건너면 행주산
성으로 갈 수 있고, 강을 따라 그대로 직진하면 창릉천 자전거길이다.
3km 가면 다리가 여러 개 겹쳐 있는 곳이 나오는데, 맨 뒤의 화도교
를 아래로 통과한 다음 건너가면 북한산 방면으로 강변 자전거길이
이어진다. 2km 남짓 가면 왼쪽으로 고양원흥지구 신도시가 시작된
다. 일부 구간은 자전거길이 비포장이거나 공사중이지만 통과하는 데
는 문제가 없다. 백색 화강암이 삐죽삐죽 나 있는 북한산은 점점 가까
이 다가선다.
　원흥지구를 지나면 삼송지구인데, 건물이 들어서는 공사가 계속해
서 진행중이다. 하천길을 계속 따라가면 전철 3호선 차량기지가 있는
지축역 직전에서 둔치 길이 끝나고, 오른쪽 언덕 위로 올라선다. 지축
역을 지나면 이번에는 은평뉴타운 아파트단지가 강을 따라 길게 이
어진다. 아파트단지가 끝나면 자전거길은 따로 없어서 인도의 보행자

창릉천 상류 전철 3호선 지축역 뒤편으로 새하얀 화강암을 치렁치렁 드러낸 북한산이 성큼 다가
선다. 왼쪽부터 정상인 백운대(836m)를 비롯해 만경대와 노적봉이 '삼각산'의 세 뿔을 이루며 하
늘을 찌른다.

겸용도로를 이용해야 하지만, 이런 길은 진관동 입곡삼거리에서 북한산성입구 교차로까지 1.3km밖에 되지 않는다. 북한산성입구에는 음식점과 가게가 많이 있어 쉬어가기에 적당하다.

은평뉴타운에서 불광천까지는
시내 구간

돌아가는 길은 은평뉴타운까지 왔던 길을 되짚어야 한다. 이 구간이 마우스의 꼬리에 해당된다. 뉴타운 끝부분의 1019동 앞에서 1번 국도를 따라 시내로 향한다. 길이 넓은데다 인도 옆에 자전거도로가 잘 나 있다. 하지만 박석고개를 넘으면 본격적인 시가지가 시작되면서 인도가 좁아지고 번잡해진다.

도심지 구간은 박석역에서 연신내역까지 1.2km만 견디면 된다. 연신내역 일대는 거리가 대단히 복잡하고 보행자가 많기 때문에 자전거를 끌고 가는 것이 좋다. 연서로 방면으로 우회전해서 역세권만 벗어나면 도로변에 자전거길이 나타난다. 이 길로 2.3km 가면 응암역이고, 응암역부터는 편안한 불광천 자전거길을 탈 수 있다. 불광천 자전거길에 진입해서 5.5km 가면 한강과 합류하고, 우회전하면 바로 난지한강공원이다.

마우스 코스는 37km로 길지는 않지만 한강 본류 · 창릉천 · 북한산

연신내역에서 응암역까지 2.5km의 시내 구간은 자전거길이 도로 갓길에 나 있다. 불법주차 차량과 샛길로 들락거리는 차량에 특히 조심해야 한다.

풍경·시가지 길·불광천 등 다채로운 코스를 경험할 수 있다. 창릉천과 불광천 천변길을 거치기도 하고, 북한산 초입까지 깊은 산간으로 들어서기도 한다. 전원·산간·교외를 종횡으로 누비다 보면 도심으로 이어지는 시내 구간이 새삼 반갑다. 결국 우리가 사는 곳으로 돌아온다는 안도감 같은 것이랄까. 다만 박석고개~연신내역 간 시내 구간과 연신내역~응암역 간 도로변 자전거도로에서 차량과 보행자에 조심해야 한다.

● **코스**　난지한강공원 → 방화대교 북단(6.5km) → 화도교(건넘, 9.9km) → 원흥지구(12km) → 삼송지구(14.5km) → 지축역 맞은편(16.7km) → 은평뉴타운(18.2km) → 입곡삼거리(20.3km) → 북한산성입구(21.6km) → 은평뉴타운 1019동 앞(25.0km) → 박석고개(26.7km) → 연신내역(28.0km) → 응암역(30.5km) → 불광천 한강 합수점(35.9km) → 난지한강공원(37km). 약 3시간 30분 소요.

● **여행 팁**　서울 서북부 교외와 은평구 일대의 시가지를 함께 볼 수 있는 코스다. 식당이나 매점 같은 편의시설이 충분하고, 휴일에는 코스와 일부 겹치는 3호선이나 6호선 전철을 활용할 수도 있다. 연신내역 일대는 평일에도 보행자가 매우 많으므로 자전거에서 내려서 끌고 다니는 것이 좋다.

● **추천 맛집**　**할매비빔국수(북한산갈비)**: 갈비 요리도 함께 내놓지만 비빔국수가 특히 일품이다. 은평뉴타운~북한산 중간의 창릉천변에 있다. ▶ **위치**: 서울시 은평구 북한산로 281–3 ▶ **문의**: 02–381–0399

가야밀냉면: 부산식 밀면과 칼국수 전문점으로, 북한산국립공원 입구 상가에 있다. ▶ **위치**: 서울시 은평구 대서문길 36 북한산성상가 ▶ **문의**: 02–356–5546

중랑천 거쳐
구리시로 돌아오는 45km

한강 옆에서 역동적인 형태로 헤엄치는 가오리 모양의 코스다. 서울 동북부를 관류하는 중랑천과 구리시와 남양주를 종단하는 왕숙천을 연결한다. 북쪽은 중랑천의 지류인 신내천 자전거길을 통해 서울 시계를 넘고, 남쪽은 한강 자전거길이 구리와 서울을 이어준다.

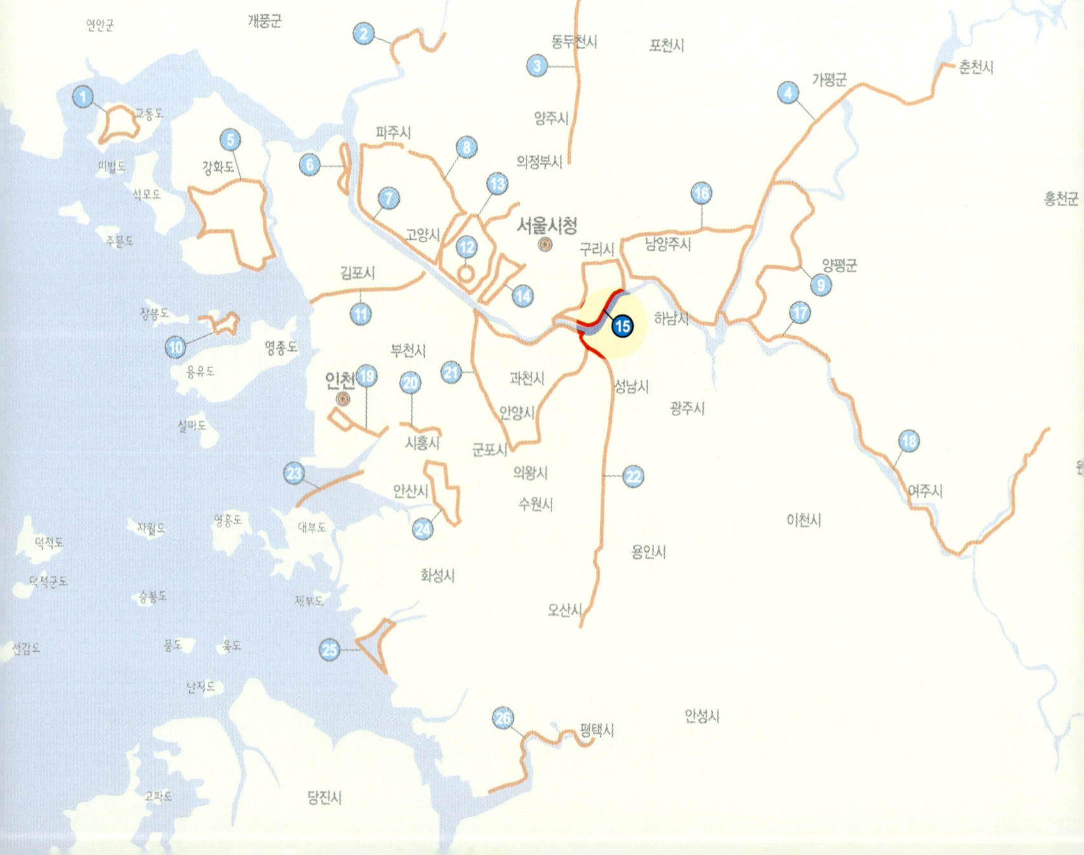

　　　가오리 코스는 코스 모양이 바다 어류인 가오리가 헤엄치는 모습과 비슷해서 필자가 붙인 이름이다. 뚝섬한강공원을 출발해 중랑천~신내천~용암천~왕숙천을 돌아와 서울 동부와 구리시를 아우르는 코스다. 순환코스라서 어느 방향으로 돌아도 되지만 여기서는 시계 방향을 기준으로 설명했다. 시계 방향으로 움직이면 초반의 다소 복잡한 구간에서 길 찾기에도 편하고, 돌아올 때 비교적 편안한 한강길을 이용할 수 있다.

　　이 코스는 일주 45km로 그다지 길지 않지만 매우 다채로운 풍경을 감상할 수 있다. 강남의 고층빌딩들이 지척으로 보이는 도심지에서 시작해 개울처럼 흐르는 중랑천을 따라 교외로 벗어난다. 남양주시를 지나 구리 시내를 관통하는 왕숙천은 차분한 전원도시 분위기를 자아낸다.

중랑천 따라가다
신내천으로

뚝섬한강공원에서 하류로 가면 중랑천이 합수하는 곳에 서울숲이 있다. 이곳이 가오리의 꼬리에 해당한다. 여기서부터 중랑천을 따라 북상하면 된다. 용비교 아래의 삼거리에서 직진해 11.2km 가면 월릉교인데, 머리 위로는 북부간선도로가 지난다. 오른쪽으로 개울 같은 신내천이 합류하고, 신내천 옆으로는 자전거길이 나 있다.

신내천 자전거길은 2km 구간으로 끝나지만, 종점 옆의 징검다리를 건너면 오른쪽으로 시멘트길이 계속 이어진다. 이 길을 따라 500m 가면 도로와 만나고, 여기에서 왼쪽으로 200m 가면 사거리가 나온다. 사거리에서 좌회전하고 나서부터 별내역까지 4km는 다소 불편한 인도의 자전거길을 가야 한다. 특히 신내IC를 통과할 때는 차량 통행에 유의해야 한다.

서울중랑경찰서를 지나 고개를 넘으면 이제부터는 경기도 구리시다. 길 옆으로는 구리 갈매보금자리 택지 공사가 한창이다. 별내역 직

중랑천과 청계천 합수지점에는 다리가 여러 개 걸려 있다. 물길도 세 갈래인데 다리까지 많아 지상도 하늘도 복잡하다. 사진의 위쪽이 중랑천 방면이다.

전의 갈매교차로는 공사가 진행중이어서 길이 복잡하니 통과에 특히 주의한다. 역 근처부터 자전거길이 나 있어서 1.3km 가면 퇴계원교가 나오고, 이후 왕숙천 자전거길이 시작된다. 왕숙천 본류와 합류하기까지의 1.4km는 용암천이다.

수도권 자전거길 중 가장 인상적인 풍경 중 하나로, 왕숙천이 한강과 합수하는 수석교에서 바라본 모습이다. 강의 오른쪽이 남양주고, 왼쪽이 구리시다. 쓰레기 소각장 굴뚝을 재활용한 구리타워가 헌칠하다.

구리 시내를 가르는
왕숙천길

왕숙천王宿川은 이름에서 짐작할 수 있듯이 조선시대 왕들과 인연이 깊은 물길이다. 태조 이성계를 비롯해 9기의 왕릉이 모인 동구릉이 중간쯤에 있고, 상류에는 국립수목원으로 유명한 광릉(세조 부처의 능)이 있다. 왕숙천은 태조 이성계가 상왕으로 있을 당시 팔야리에서 8일간 머물렀다고 해서 붙은 이름이라고 한다.

왕숙천은 구리 시내를 남북으로 관통해서 한강과 합류한다. 용암천 합수점에서 한강 합수점까지는 7.4km 정도이고, 여기서부터는 한강을 따라 우회전해 곧장 가면 된다. 구리한강시민공원을 지나면 높이 75m로 단일 지주로는 국내에서 가장 높은 태극기 게양대가 아차산 자락에 웅장하게 서 있다. 태극기도 가로 18m, 세로 12m로 너무나 거대해서 강풍에도 슬로우비디오처럼 격조 있게 느릿느릿 펄럭인다. 아차산 끝자락에 자리한 워커힐 호텔을 지나면 다시 서울이다. 여기서 출발지인 뚝섬한강공원까지 돌아가려면 6km 남짓 된다.

가오리 코스는 크게 보면 동구릉~아차산 산줄기를 한 바퀴 돈다고 할 수 있다.

● **코스**　뚝섬한강공원 → 중랑천 합수점 교량(4.5km) → 중랑천 자전거길 장평교(10.5km) → 월릉교(신내천 방면으로 우회전, 15.7km) →

신내천 자전거길 종점(봉화산역교량 아래. 징검다리 건너 개울길 따라 우회전, 17.9km) → 도로 합류 후 사거리(좌회전 후 신내IC 통과, 18.7km) → 서울중랑경찰서(19.3km) → 경춘선 갈매역 앞 (21.3km) → 별내역(공사중 통과주의, 22.7km) → 퇴계원교(건너서 둔치 자전거길로 진입, 24.0km) → 왕숙천 합류(25.4km) → 구리농 수산물공사(28.6km) → 한강 자전거길 합류(32.8km) → 구리한 강시민공원(34.8km) → 뚝섬한강공원(45km). 약 4시간 소요.

● **여행 팁**

월릉교에서 신내천을 따라 왕숙천이 시작되는 퇴계원교까지 는 길 찾기에 유의해야 한다. 신내천이 끝나는 신내역 부근에 서 별내역까지 경춘선 전철을 따라(47번 국도 이용) 서울 시계를 넘어 구리시로 넘어간다고 생각하면 된다. 이 구간을 지나기가 자신 없을 때는 평일에도 자전거 승차가 가능하므로 신내역~ 별내역 구간은 경춘선 전철을 이용해도 무방하다(7분 소요). 여 유가 된다면 왕숙천 옆에 자리한 동구릉을 찾아가 왕숙천의 유래와 의미를 더욱 실감하는 시간을 보내도 좋다.

● **추천 맛집**

유래등: 짬뽕과 중국식 냉면 등이 맛있다. 동구릉 앞의 서울외 곽순환고속도로 고가도로 아래에 있다. ▶ **위치**: 경기도 구리 시 동구릉로 239 ▶ **문의**: 031-551-7555

크게 보면 관악산을
한 바퀴 도는 67km

코스 모양이 하트 모양을 닮은 이 코스는 수도권 동호인들에게는 익히 알려진 한강 순환 코스다. 크게 한강 자전거길과 양재천, 안양천 자전거길을 연결한다. 양재천과 안양천이 떨어져 있지만 둘 사이에 있는 학의천 자전거길과 양재천 자전거길이 4㎞ 거리여서 도로 구간을 조금만 달리면 원랩을 완성할 수 있다. 70㎞ 가까운 장거리라 이 코스의 당일 완 주는 '초보 딱지'를 떼는 관문처럼 여겨지기도 한다.

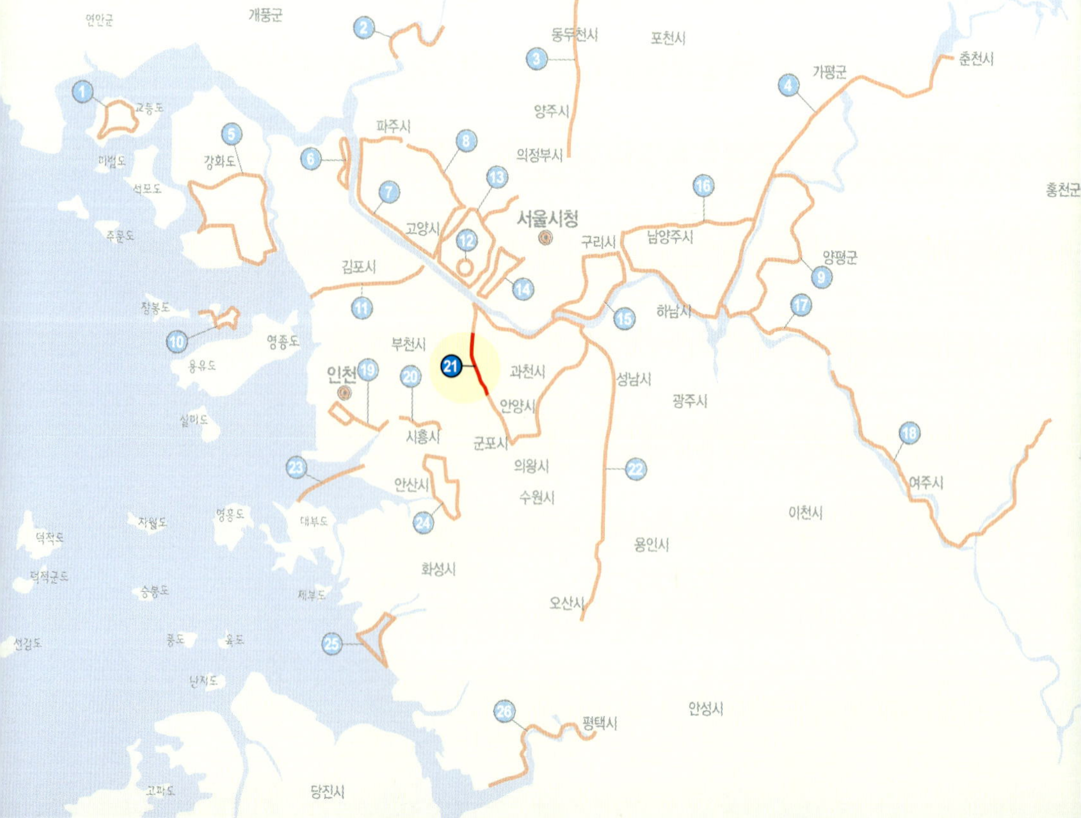

　　하트 코스는 서울 시내 코스들 중에서 동호인들이 자연스럽게 별칭을 붙인 첫 번째 코스라고 할 수 있다. 동서로 서울을 관통하는 한강의 특성상 순환코스를 만들기가 어려웠는데, 탄천·양재천·학의천·안양천 등 지류에 자전거도로가 조성되면서 한강 본류를 중심으로 한 바퀴 돌아오는 하트 모양의 코스를 꾸밀 수 있게 된 것이다. 일주 거리가 70km에 육박하는 장거리로 시내와 외곽을 종횡해서 그 규모가 크다.

　　코스를 요약하면 관악산(629m)을 크게 한 바퀴 돈다. 성산대교~청담대교 구간은 서울 시내 둔치 자전거길 중 가장 번잡하지만 서울 도심과 드넓은 한강이 빚어내는, 서울 특유의 장쾌함을 맛볼 수 있다.

순환방향은 어느 쪽으로 돌아도 상관없고, 출발지도 코스의 어느 지점으로 잡든 무방하다. 여기서는 여의도한강공원을 기점으로 시계 방향으로 도는 것으로 설명한다. 우리나라는 서풍이 많이 불어서 한강 본류 동서를 횡단해야 하는 코스의 특성상 시계 방향으로 도는 것이 다소 편하다.

여의도에서
시계 방향으로

여의도를 출발해 한강 상류 방면으로 16km 정도 가면 탄천이 합수한다. 이곳에서 탄천길로 들어섰다가 다시 양재천으로 우회전하면 우면산(293m)을 돌아 관악산(629m) 남쪽에 자리한 과천시로 진입하게 된다. 과천 시내 중심에 있는 과천중앙공원에서 천변 자전거길은 끝이 난다. 거기서부터는 도로를 따라 안양으로 넘어가야 한다.

정부과천청사역을 지나 안양 방면 중앙로를 따라 약 800m 가면 과천대로와 합류한다. 길가에는 차도와 분리된 자전거길이 잘 조성되어 있다. 이후에는 과천과 안양 인덕원 사이에 있는 나지막한 갈현고개를 넘어간다.

인덕원사거리에서 잠깐 우회전했다가 횡단보도를 건너 인덕원중학

과천중앙공원을 지나는 소박하고 아늑한 자전거길. 맞은편에서 자전거길이 끝나면 오른쪽 큰 도로를 따라 안양 인덕원까지 도로구간을 지나야 한다. 다행히 도로변에도 자전거도로가 나 있다.

교 방면으로 이면도로를 통과하면 관양교에서 학의천 자전거길과 만난다. 학의천은 개울 정도의 크기로 규모가 작지만, 둔치에는 자전거길이 산뜻하게 조성되어 있다. 이제부터는 학의천 자전거길을 따라 하류 방면으로 우회전하면 된다. 학의천은 안양 시내를 구불거리며 관통한다.

목동교에서 바라본 목동 즈음의 안양천. 자연스럽게 펼쳐진 갈대밭이 고층 아파트촌의 삭막함을 편안하게 보듬어주는 듯하다.

안양천 따라
다시 여의도로

안양 시내 북단을 흐르는 학의천은 규모가 작은 대신 매우 소박하고 자연스러운 분위기를 자아낸다. 이윽고 안양천에 합류하면 이제는 방향을 바꿔 북상해야 한다. 크게 보아 하트 코스는 관악산 외곽을 한 바퀴 도는 셈인데, 학의천을 따라 관악산 남쪽을 돌아와서 안양천을 타고 서쪽을 지난다.

안양천과 학의천 합수점에서 성산대교 옆 한강 합수점까지는 거리가 23.5km나 된다. 이 구간은 길이도 긴데다 구간 내내 시가지 사이를 흘러 다소 지루할 수 있지만 근교에서 도심으로 단계별로 점증하는 풍경의 변화가 흥미롭다. 서울과 안양이 시가지로 완전히 연결된 것을 새삼 발견하고, 한때 수도권 최대의 공단이었던 구로 지역이 어떻게 첨단 분위기로 바뀌었는지도 목격할 수 있다.

목동의 초고층 아파트촌을 지나면 곧 한강 합수점이 나온다. 여기서 우회전하면 여의도한강공원까지는 5km 거리로 꽤 가깝다.

하트 코스는 거리가 길지만 코스 바로 옆에서 전철역을 많이 거치기 때문에 휴일에는 전철을 활용해 코스를 줄이거나 연계하기 편하다.

● **코스**　여의도한강공원 → 한남대교(10.5km) → 탄천 합수점(16.1km) → 양재천 분기점(18.2km) → 양재시민의숲(23.4km) → 과천

관문체육공원(29.3km) → 과천중앙공원(양재천 자전거 길의 종
점, 31.1km) → 인덕원사거리(인덕원역, 34.6km) → 관양교(학의
천 자전거길 진입, 35.2km) → 안양천 합류(38.4km) → 일직분기
점 옆(45.5km) → 시흥대교(48.9km) → 고척교(고척스카이돔 옆,
54.7km) → 목동교(58.9km) → 한강 합수점(61.9km) → 여의도한
강공원(67.0km). 5〜6시간 소요.

● **여행 팁**

코스가 길어 종일 코스로 잡아야 한다. 길 찾기가 쉽고 평탄해
서 초보자도 장거리 돌파를 위한 관문으로 도전해볼 만하다.
다만 과천중앙공원에서 인덕원까지는 도로를 이용해야 하므
로 길 찾기와 차량에 주의한다.

● **추천 맛집**

유빙벽돌집삼계탕: 삼계탕, 닭곰탕, 닭칼국수 전문점으로, 과
천에서 인덕원으로 넘어가는 초입의 갈현삼거리 근처에 있다.
▶ **위치**: 경기도 과천시 과천대로 163 ▶ **문의**: 02-503-5292
에버그린: 돈가스로 유명한 집. 인덕원역과 인덕원중학교 사이
의 골목에 있다. ▶ **위치**: 경기도 안양시 동안구 인덕원로 29-
16 ▶ **문의**: 031-425-4359
자전거가좋은사람들: CCTV로 감시하는 자전거 거치대와 간
단한 수리 공구를 마련하고 자전거 관련 책자를 갖춘, 자전거
인을 위한 쉼터다. 각종 찌개류와 분식 요리를 한다. 안양 시
내 북단의 제2경인고속도로의 북쪽, 연현중학교 옆 강변 골목
에 있다. ▶ **위치**: 경기도 안양시 만안구 연현로1번길 108-20
▶ **문의**: 031-474-8383

북한산·인왕산·북악산이 빚은
골짜기 깊은 곳

한강변에서 출발해 불광천과 홍제천 자전거길을 연결하는 순환 코스다. 홍제천을 따라 계속 상류로 올라가 북한산 남쪽 계곡에 자리한 세검정까지 가본다. 불광천과 홍제천은 서울 서북부의 주택가를 내내 흘러서 작은 규모만큼 소박하고 아기자기한 분위기다. 응암역~녹번역~홍제사거리 구간은 도로변을 이용해야 해서 주의가 필요하다.

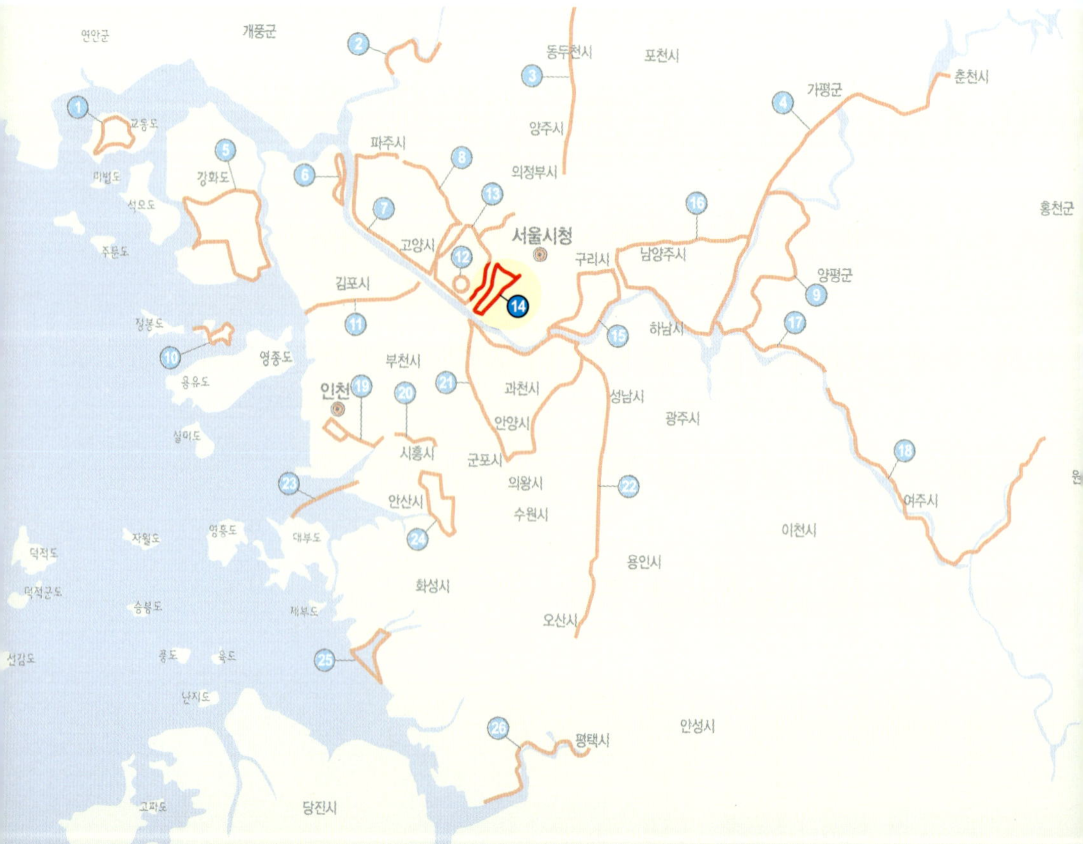

서울 서북부를 적시는 두 물줄기인 불광천과
홍제천은 모두 북한산의 산물産物이다. 북한산 남쪽 자락에 수없이 돌
출해 있는 새하얀 화강암 암반을 씻겨 내린 빗물이 한 방울 두 방울
모여서 이루어진 작은 개울은 북한산과 한강을 연결해주는 실낱 같은
통로다. 빽빽한 주택가를 이룬 은평과 서대문의 숨 막히는 인구밀도
를 그나마 희석시켜주는 것도 이 두 물줄기 덕분이다.

이 코스는 불광천과 홍제천에 나 있는 자전거길을 서로 연결하고,
홍제천 상류로 깊숙이 올라가서 서울의 비경 중 하나인 세검정을 돌
아오는 여정이다. 대도시 변두리의 일상과 너무 가까이 있어 오히려
저평가를 받아온 북한산 계곡의 진면목을 자전거로 만날 수 있는 드

물고 귀한 길이기도 하다. 무사의 섬뜩한 기운이 느껴지는 세검정 洗劍亭(칼을 씻는다는 뜻)은 조선 특유의 문약 文弱을 작은 정자 하나로 너끈히 보완하는 듯 바위 위에 강건하다.

난지한강공원이나
월드컵공원에서 출발

불광천과 홍제천은 월드컵공원 옆에서 합수한다. 길이가 긴 홍제천이 주된 하천이 되고, 불광천은 홍제천의 지천으로 분류되어 두 물줄기가 합수해서 한강 본류에 이르기까지 약 800m 구간은 홍제천이 된다.

두 하천을 연결해서 일주하는 코스이므로, 합수점이 가까운 난지한강공원이나 월드컵공원이 기점으로 적당하다. 여기서는 한강 자전거길과 이어진 난지한강공원을 출발점으로 잡아 시계 방향으로 돌아오는 여정을 소개한다.

난지한강공원을 출발해 홍제천 자전거길로 접어들어 700m 가면 불광천 합수점이 나온다. 왼쪽 불광천으로 먼저 진입한다. 불광천 자전거길은 월드컵경기장을 끼고 북상하는데, 물길은 폭 10m 남짓한 개울이고 둔치를 포함해도 폭이 40m 정도여서 마치 한강 자전거길의 축소판처럼 작고 아기자기하다.

불광천 자전거길은 마치 화살표처럼 북한산의 비봉(560m) 능선으로 치닫는다. 자전거도로와 보행로기 분리되이 안전히게 달릴 수 있다.

불광천 길은 응암역에서 끝난다. 그 이상의 상류는 복개되어 물줄기는 홀연히 자취를 감추고 만다. 응암역에서 우회전한 뒤 녹번역까지의 1.8km는 인도와 도로를 이용해야 한다. 다행히 차량통행량이 많지 않으며, 인도 폭도 넓은 편이다.

녹번역이 있는 큰 도로는 임진각까지 이어지는 1번 국도인 '통일로'다. 녹번역에서 우회전해 1.2km 가면 홍제천이 있는 홍은사거리가 나온다. 여기서 홍제천 자전거길을 따라 우회전하면 한강으로 돌아가고, 좌회전하면 유진상가 옆 홍제교에서 다시 천변 자전거길이 이어진다.

산간지대로 접어드는
홍제천 상류

홍제교에서 상류로 갈수록 물길은 잦아들고 골짜기는 깊어지며 주택가는 허름해진다. 바야흐로 변두리의 절정으로 치닫는다. 초반에는 내부순환로 고가도로와 만났다 헤어지기를 반복한다. 북한산의 절경 중 하나인 탕춘대 능선 아래 개울가에 자리한 옥천암 보도각普渡閣은 암벽에 조각한 '백불白佛'이 유명하다. 하얀 호분胡粉을 칠해서 백불이라고도 하고 물가에 자리해서 해수관음이라고도 하는데, 기법으로 보아 고려시대의 마애불로 추정된다. 영험하다는 소문이 있어 기도객이 끊이지 않는다.

보도각을 지나면 북한산성의 일부인 탕춘대성의 홍지문弘智門이 있다. 홍지문은 웅장한 규모로 잘 복원되어 있고, 개울가에는 세검정까지 산책로가 나 있지만 자전거로는 출입이 어렵다. 자전거는 도로를 따라 바로 앞의 상명대 입구를 지나 약 200m 가면 코스의 종점인 세검정이 나온다.

세검정의 위치는 절묘하다. 북한산 보현봉과 인왕산, 북악산 줄기가 한곳에서 어우러지는 곳으로, 한성의 목구멍 같은 군사적 요지였다. 이 때문에 수도방위를 책임진 총융청摠戎廳이 이곳에 자리 잡았고 세검정은 군사들의 쉼터로 1747년에 세워졌다고 한다. '칼을 씻는 정자洗劍亭'라는 뜻의 상무적인 명칭은 인조반정 때 광해군 폐위를 모의

48

홍제천 자전거길의 종점은 세검정이다. 지금은 도로와 시가지에 포위되었지만 옛날에는 깊은 산속이었다. 계곡 너럭바위에 걸터앉은 정자만을 두고 보면 지금도 은근한 운치가 감돈다.

하고 이곳에서 칼을 씻었다는 데서 유래했다는 설이 있다.

주택가에 에워싸이고 도로 소음에 시달리기는 해도 세검정은 제법 의연하고 고풍스러운 기품을 유지한다. 조용하고 고급스러운 주택가도 정자의 분위기를 방해하지 않는다.

돌아가는 길은 홍제천을 따라 간다. 홍은사거리에서 홍제천 자전거길로 들어서서 계속 직진하면 된다. 홍제천 자전거길은 장대한 고가도로로 이루어진 내부순환로와 내내 같이 가는데, 여기에는 장단점이 있다. 고가도로가 햇살을 가려주어 언제나 시원한 그늘을 드리우고 비를 막아주기도 하지만, 거대한 교각 아래 소음과 진동이 빚어내는 살풍경은 차분함과는 거리가 멀다.

하늘을 가리는 고가도로는 불광천을 만나서야 비로소 걷힌다. 도중에는 안산 기슭에 조성된 인공폭포가 볼 만하고 쉼터로도 좋다.

- **코스** 난지한강공원 → 불광천 합수점(1.4km) → 증산역(4.2km) → 응암역(6.0km) → 녹번역(7.8km) → 홍은사거리(9.0km) → 보도각(11.0km) → 홍지문(11.6km) → 세검정(12.0km) → 홍은사거리(15.1km) → 인공폭포(16.4km) → 난지한강공원(21.9km). 약 2시간 소요.

- **여행 팁** 22km 정도의 짧은 코스여서 가볍게 돌아보기 좋다. 다만 응암역~홍은사거리 구간과 홍지문~세검정 구간은 차도 옆을 이용해야 하므로 주의한다. 경의선 디지털미디어시티역·가좌역, 6호선 마포구청역·월드컵경기장역·증산역·응암역, 3호선 녹번역이 코스와 연결되어 있다.

- **추천 맛집** 우주미: 개고기를 넣지 않은 소고기보신탕과 굴국밥 전문 식당. 응암역~녹번역 중간인 은평구청 옆에 있다. ▶ **위치**: 서울시 은평구 은평로 185 ▶ **문의**: 02-354-7788
수라면옥: 함흥냉면과 불고기 전문. 홍은사거리 홍제천 자전거길 입구에 있다. ▶ **위치**: 서울시 서대문구 홍제내길 232 ▶ **문의**: 02-396-2257

업힐 훈련과
장쾌한 조망을 한번에

난지한강공원과 이웃한 노을공원·하늘공원은 멋진 업힐 코스다. 휴일에는 자전거 출입이 금지되지만, 평일에는 고도차 90m인 길이 500~800m의 언덕 4개를 자유자재로 넘을 수 있다. 정상에 오르면 서정적인 억새밭과 잔디밭, 전망대가 땀을 식혀주고 심장을 시원하게 한다. 서울에 안전한 업힐 코스가 드문 현실에서 정말 반갑고 소중한 언덕이다.

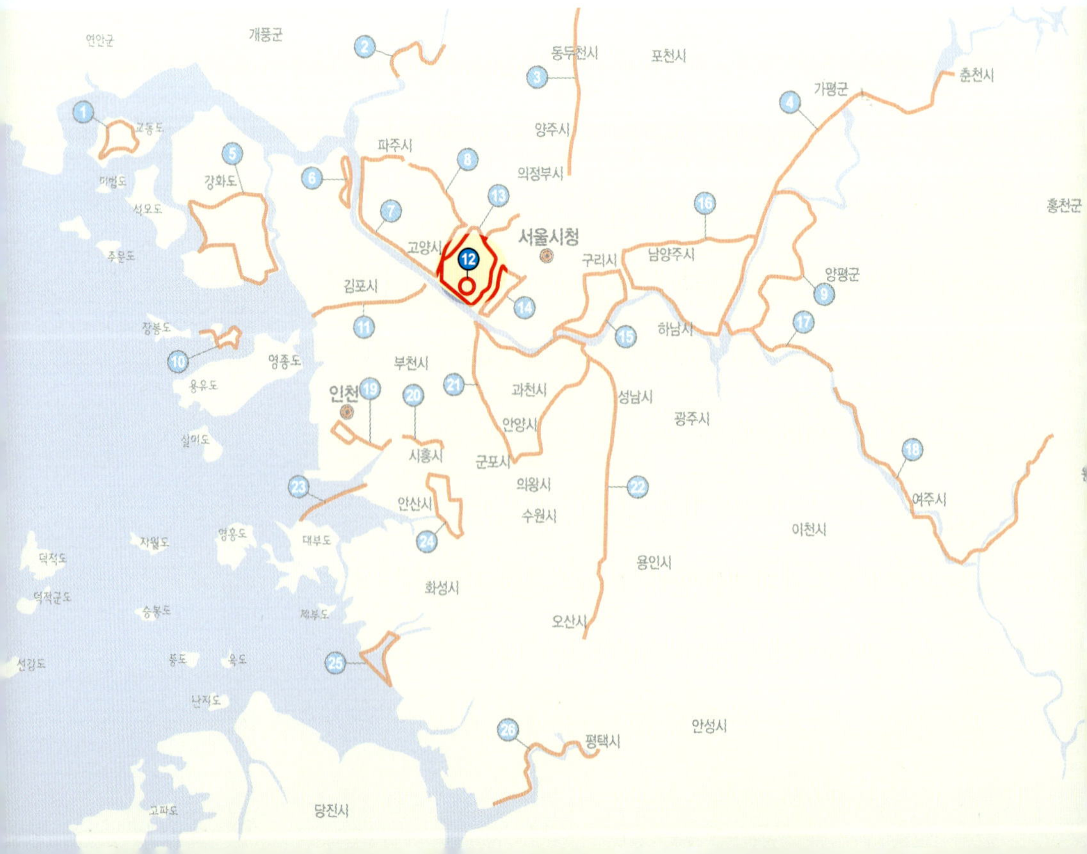

왜 자전거로 힘들게 오르막을 오르냐고 반문
하지만 업힐up hill은 자전거 타는 즐거움 중 하나다. 긴 오르막만 오
르는 힐클라임hill climb 대회가 성행하는 것만 봐도 알 수 있다. 그렇
다면 업힐은 일부러 고통을 찾는 자학인가, 아니면 자신의 한계를 시
험하는 도전인가? 힘든 언덕을 정복했을 때 느끼는 희열은 정상에 오
른 산악인의 마음과도 같을 것이다. 어차피 세상의 길은 평탄한 것만
있지 않다. 특히 산이 많은 우리나라는 고갯길이 지천으로 널려 있어
업힐 실력이 부족하면 장거리나 자유로운 코스 설정이 힘들어진다.
음식으로 비유하자면 편식과 비슷하다. 따라서 자전거를 즐기는 사람
들에게 업힐은 도전해볼 만한 과제이자 훈련이라고 할 수 있다.

서울도 산이 많아 오르막이 많지만, 자동차의 방해를 받지 않고 안전하게 자전거를 탈 수 있는 곳은 드물다. 동호인들은 남산과 북악산 길을 많이 찾는데 두 곳 모두 시내 가운데에 있어 접근이 불편하고, 차량도 함께 다녀서 여건이 좋지 않다. 그런데 시내 라이딩에 불편함을 느꼈던 이들이 안전하게 라이딩을 즐길 수 있는 업힐 코스가 있다. 바로 한강 자전거길과 연결된 노을공원과 하늘공원이다.

과거를
묻지 마세요

노을공원·하늘공원이라고 하면 나지막한 언덕의 산책 코스로 생각하기 쉬운데 막상 가보면 그렇지 않다. 고도차 90m에 길이 500~800m의 만만치 않은 오르막이 4개나 포진하고 있다. 코스는 강변에 나란히 있는 노을공원과 하늘공원을 차례로 연결하고 있어 상황에 따라 1~4개의 고개를 원하는 대로 오를 수 있다. 한가지 제약이 있다면 산책객이 많이 몰리는 휴일에는 자전거 라이딩이 금지된다는 점이다.

노을공원·하늘공원을 오르기 전에 알아둘 것이 있다. 테이블 형태의 거대한 두 산은 자연 지형이 아니라 한때 쓰레기 매립장이었다는 사실이다. '난지도'라는 지명은 이제 사라졌지만 옛날에는 한강 가

하늘공원은 살짝 경사를 이룬 억새숲이 광활하고 그 사이로 뻗어난 방사선의 길이 매혹적이다. 노을공원과의 사이에 있는 한국지역난방공사의 높은 굴뚝이 낭만을 조금 깬다.

운데에 있던 모래섬이었고, 여기에 제방을 쌓아 1977년부터 1993년까지 쓰레기 매립장으로 활용되었다. 어떻게 시내 지척에 쓰레기 매립장을 두었을까 의아스럽지만 1970년대만 해도 난지도는 인적 없는 변두리였다. 서울 시민이 쏟아낸 쓰레기를 26년 간 모아온 쓰레기산은 2002년 한·일 월드컵을 앞두고 공원으로 되살아났다. 초기에는 어딘가 악취가 나는 것 같고 쓰레기산이라는 선입견이 있어서 두 산의 '과거를 아는' 사람들은 꺼려하기도 했다.

공원으로 거듭난 지 10여 년이 지난 지금, 이 아름답고 세련되게 꾸며진 언덕이 한때 쓰레기산이었다고 눈살을 찌푸리는 사람은 아무도 없다. 당시를 살았던 사람들조차 그 사실을 잊을 만큼 두 산은 원래 그곳에 자연적으로 있던 것처럼 느껴진다.

높이는 90m밖에 되지 않지만 강변에서 곧추 솟아올라 실제보다 고도감이 과장되게 느껴지고, 정상에 펼쳐진 들판은 하늘 위에 붕 떠 있는 천상고원 같다. 억새가 하늘거리고 잔디밭이 너울대는 길목은 대단히 서정적이다. 새하얀 화강암으로 장식한 북한산, 바다를 향해 흐르는 도도한 한강, 끝 간 데 없이 펼쳐진 시가지, 그리고 먼 산을 발갛게 물들이는 노을까지 이 모두를 제대로 본다면 노을공원·하늘공원의 가치를 재발견하게 될 것이다. 게다가 안전한 업힐 훈련 코스로도 최적의 장소다.

연결하면 고도차 360m, 길이 3km의 업힐 코스

출발점은 두 공원을 끼고 있는 곳이라면 어디로 잡든 상관없지만, 여기서는 한강 자전거길과 주차장이 있는 난지한강공원의 난지캠핑장을 기준으로 삼았다. 노을공원과 하늘공원 사이의 골짜기에는 한국지역난방공사가 자리 잡고 있고, 100m가 넘는

하늘공원과 노을공원에는 각각 길이 800～900m에 고도차 90m, 경사도 9～10%의 만만치 않
은 오르막이 총 4개나 있다. 정상에 오르면 시원한 조망과 특별한 경관이 기다린다.

공원 안내도. 3번이 하늘공원, 4번이 노을공원이다. 6번의 광장 왼쪽에 난지캠핑장과 주차장이 있으며, 이곳을 출발해 강변북로를 넘어 하늘공원과 노을공원을 차례로 오르면 된다. 노을공원과 하늘공원 중턱에 있는 순환도로는 출입금지 구간이다. 1번은 월드컵공원, 5번은 월드컵경기장. 7번은 한강.

굴뚝이 높직하다. 한강에서 봤을 때 굴뚝 왼쪽이 노을공원, 오른쪽이 하늘공원이다. 크기는 노을공원이 하늘공원보다 2배 정도 크다. 특징을 단어로 요약하자면 노을공원은 잔디밭과 캠핑장, 하늘공원은 억새밭이다.

한강공원에서 출발하면 두 공원 사이의 골짜기로 진입하는 육교를 통해 강변북로를 넘어간다. 육교를 넘어 우회전하면 두 공원의 사잇길인데, 길을 건너 그대로 직진해서 작은 철문 옆을 통과하면 하늘공원의 남쪽 외곽이다. 담양에서나 봄직한 메타세콰이어가 하늘을 가리면서 아득히 늘어서 있다. 길은 비포장이지만 노면이 좋아 로드바이크도 문제없다.

58

1km 정도 가면 왼쪽에 하늘공원으로 올라가는 업힐이 시작된다. 오르막은 길이 약 800m, 평균경사도 10%로 올라가기가 만만치 않다. 정상에 오르면 하늘공원 외곽을 따라 반시계 방향으로 한 바퀴 돌아본다(약 1.8km). 반시계 방향으로 돌아야 전망을 보기 편하다. 하늘공원 내리막 또한 약 800m로 경사도는 10% 정도다(61쪽의 '경사도 이해하기' 참조).

하늘공원을 내려와서 좌회전해 조금만 가면 오른쪽으로 노을공원 진입로가 나온다. 노을공원 업힐은 길이가 600m밖에 되지 않지만 경사도는 13%에 달해 4개의 오르막 중 가장 급경사를 이룬다. 정상에서 역시 반시계 방향으로 공원 외곽을 일주하면 2.7km 정도다. 노을공원 내리막은 900m로 가장 길고, 경사도는 9%로 가장 완만하다. 노을공원을 내려와 좌회전하면 하늘공원과 비슷한 메타세콰이어길이 직선으로 뻗어 있다. 거기서 1.3km 가면 한강공원 육교가 나오면서 일주가 끝난다.

업힐 2개로 성이 차지 않는다면 앞서 노을공원을 내려왔다가 다시 올라가는 식으로 하늘공원까지 역으로 주파하면 네 개의 언덕길을 모두 완주하게 된다. 언덕 네 개를 다 오른다면 길이 3.1km, 고도차 360m의 상당히 큰 고개를 오른 것과 같다고 볼 수 있다. 물론 연속 업힐은 아니지만 하나의 업힐이 끝날 때마다 정상에서 잠시 쉴 수도 있기 때문에 심폐지구력 향상에 좋은 인터벌 트레이닝 효과도 얻을 수 있다.

- ● **코스**

    난지한강공원(난지캠핑장) → 진입육교(0.5km) → 하늘공원 메타세콰이어 길 경유 → 하늘공원 업힐 입구(1.7km) → 하늘공원 정상(2.5km) → 하늘공원 외곽일주(거리 약 1.8km) → 노을공원 업힐 입구(5.2km) → 노을공원 정상(5.8km) → 노을공원 외곽일주(거리 약 2.7km) → 노을공원 다운힐 끝(가양대교 북단, 9.7km) → 한강공원 육교(11.1km) → 난지캠핑장(11.8km). 약 1시간 30분 소요.

- ● **여행 팁**

    서울 시내에서 가장 가깝고 안전한 업힐 코스다. 언덕 위에 올라서면 경관이 예쁘고 서정적이어서 작은 여행지로도 좋다. 한강 자전거길을 타고 접근하거나 승용차를 이용할 수 있다(주차료 최초 30분 1천 원, 초과 10분당 200원). 전철은 6호선 월드컵공원역에서 가깝다.

- ● **추천 맛집**

    코스 바로 옆으로는 한강공원 내의 편의점 외에는 따로 없다. 하늘공원과 인접해 있는 월드컵공원 한쪽에 자리한 마포농수산물시장(서울시 마포구 월드컵로 235, 02-300-5060)에 가면 생선회를 비롯해 다양한 수산물 요리를 맛볼 수 있다.

경사도 이해하기

도로의 경사도는 국제표준으로 % 단위로 표기한다. %는 각도와는 달리 수평으로 100m 갈 때 수직으로 얼마나 높아졌느냐를 m로 표시한다. 예를 들어 길이 100m의 오르막이 있는데 수직으로 10m 높아졌다면 경사도는 10%가 된다. 일반적으로 6% 이상이면 체감 경사가 다소 힘들게 느껴지고, 8% 이상이면 본격적인 오르막 느낌을 준다. 10% 이상은 상당한 급경사다. 경사도는 간단한 비례식으로 구할 수 있다. 오르막 길이가 700m이고 고도차는 60m라면, $700:60=100:x$가 되어 $x=6000 \div 700$이 된다. 계산하면 경사도는 8.6%다. 추가로 일반 도로에 표시된 경사도 표시는 오르막 시작부디 징싱까지 고갯길 진체의 평균 경사도가 아니라 표시된 지점의 경사도를 나타내는 경우가 대부분이다.

자전거와 전철이 만나면 여행은 더욱 편하고 다채로워진다. 코스를 오갈 때 한 번은 전철을 이용하면 체력과 시간을 아낄 수 있고 여행의 폭과 깊이도 더해진다. 수도권 전철의 시내 구간은 휴일에만 맨 앞뒤 칸에 자전거를 휴대하고 탈 수 있고, 외곽 전철은 평일에도 가능하다. 경의선 · 경원선 · 중앙선 · 경부선 · 인천공항철도 등 서울을 중심으로 사방으로 뻗어난 전철에 자전거를 싣고 더욱 설레는 마음으로 길을 떠나보자.

수도권 근교 전철 코스 5선

- 자유로~파주
- 팔당역~양평
- 파주~공릉천
- 의정부~소요산
- 여의도~오산

행주산성에서 출발하는
자유로 여정

행주산성에서 한강을 따라 북상하는 자유로를 따라 가면 통일전망대까지 자전거길이 나 있다. 완벽한 자전거 전용도로는 아니지만 차량 통행이 적어 비교적 안전하게 달릴 수 있다. 통일전망대에서 파주(금촌)까지는 공릉천 자전거길이 연결된다. 파주에서는 경의선 금릉역에서 전철을 타면 행주산성(행신역)까지 편하게 돌아올 수 있다.

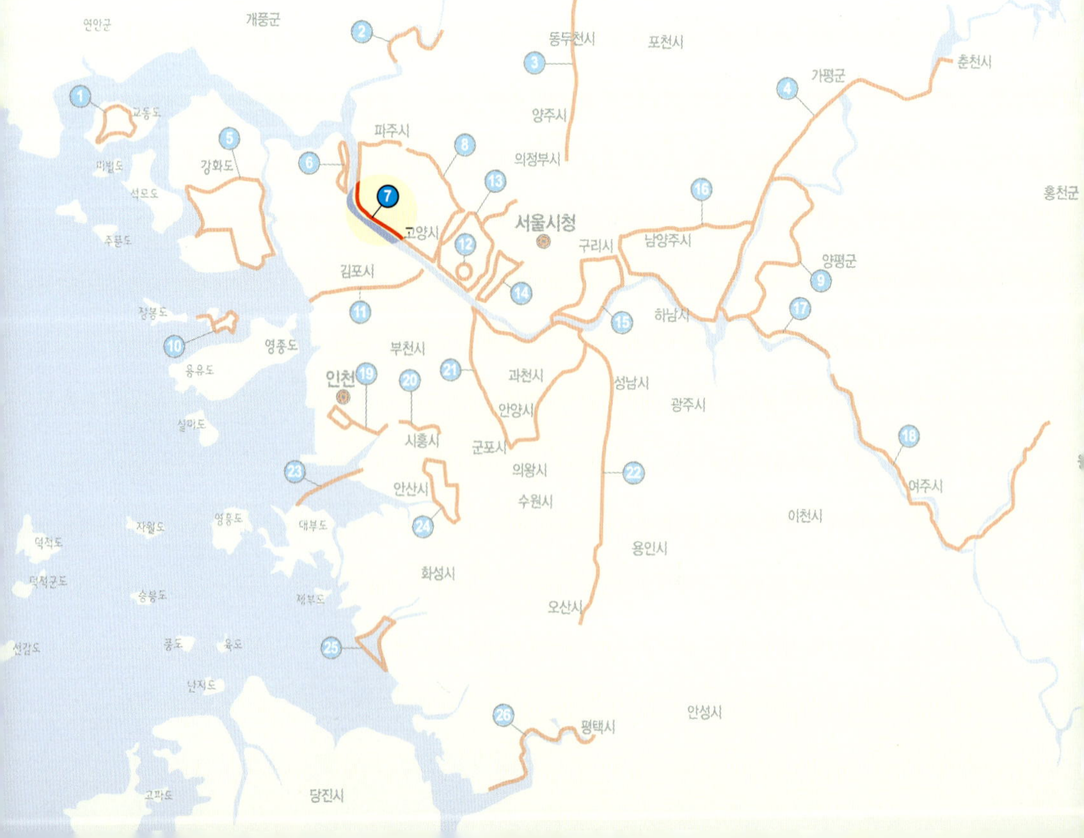

　　　　　서울 동부에 경원선이 있다면, 서부에는 경의
선(서울~신의주)이 있다. 경의선도 서울역에서 문산역까지 복선전철
화 되었고 평일에도 자전거 승차가 가능하며, 맨앞과 맨뒤 칸에는 자
전거 적재 공간까지 마련해놓은 '자전거 친화 노선'이다. 열차 배차간
격도 10~15분으로 짧다. 서울역이 시점이라 시내에서도 자전거를 싣
고 교외로 나가기에 편하다.

여기서는 서울을 벗어난 행신역을 기점으로 자유로와 공릉천을 거
쳐 파주(금촌)까지 가는 여정을 소개한다. 행신역은 행주산성 바로 옆
에 있어서 한강 자전거길에서도 접근이 편하다. 먼저 자전거를 타고
파주 금릉역으로 갔다가 돌아올 때 전철을 이용해도 되고, 반대로 전

철에 자전거를 싣고 금릉역으로 가서 돌아올 때 라이딩을 해도 된다. 전철이 먼저냐 자전거가 먼저냐, 행복한 고민이다. 쌍방향으로 두 번을 가도 풍경과 느낌은 여전히 신선하다.

자유로는 행주산성에서 시작한다

이 코스는 행주산성에서 자유로를 따라 북상하다가 파주(금촌) 금릉역까지 가서 돌아올 때 전철을 이용하는 방식이다. 물론 반대도 가능하다.

한강 북안의 자전거길을 따라 서쪽으로 계속 가면 행주산성이 나온다. 행주산성 이후의 한강 하류는 철책선이 살벌한 군사보호지역이어서 강변길은 끝난다. 하지만 강변을 달리는 자유로 안쪽으로는 자전거길이 계속된다. 다만 서울 시내처럼 완전히 독립된 전용도로는 아니고, 농로나 도로를 겸하면서 북으로 이어진다.

행주산성을 지나 잠시 철책선길을 가다가 자유로 아래 굴다리를 건너면 농로가 시작된다. 그다음부터는 파주 방면 '평화누리길' 이정표를 따라가면 된다.

길은 자유로 바로 옆에 나 있는데, 조망은 트이지 않지만 차량 통행이 많지 않고 자유로가 지나는 언덕이 서풍을 막아줘 라이딩이 가뿐

68

파주출판단지를 지나면 도로 위에 구획된 자전거길이 자유로와 거의 눈높이로 나란히 달린다. 자유로 가로수 뒤편 멀리 오두산통일전망대가 살짝 드러났다.

하다. 이정표와 길 안내가 잘 되어 있어 길 찾기도 어렵지 않은데, 다만 일산신도시 초입의 법곳IC와 파주출판도시 초입에서는 유의해야 한다. 법곳IC에서는 다리를 건너 개울가로 내려가야 한다. 파주출판단지로 가려면 남단의 북센삼거리에서 길을 건너 자유로휴게소 방면으로 좌회전한다.

파주출판단지 이후 자전거길은 계속 자유로와 함께 달리다가 통일전망대가 지척으로 보이는 공릉천과 한강의 합수점에서 송촌대교를

공릉천 하류의 송촌대교에서 금촌 방면으로는 흙먼지가 풀풀 날리는 둑길이 여정의 감흥을 더해
준다. 멀리 금촌 북쪽에 솟은 기간봉(238m)과 월롱산(219m)의 스카이라인이 손짓하는 듯하다.

건너며 자유로에서 멀어진다. 다리를 건너 좌회전하면 통일전망대나 헤이리, 문산 방면으로 이어진다. 여기서는 둑길로 우회전해야 한다. 한동안 비포장의 흙길이지만 노면이 좋아 로드바이크도 크게 불편하지 않다. '차량 통행'이 드물고, 주변에는 강변 습지와 대단히 전원적인 들판 풍경이 펼쳐진다.

흙길은 영천배수갑문까지 3km 정도 되는데, 이제는 농촌에서도 보기 힘든 비포장 둑길은 그 자체로 정겹고 반갑다. 영천배수갑문부터는 둔치 자전거길이 시작된다. 갑문에서 6.5km 가면 파주시청이 있는 금촌의 경의선 철교 아래다. 철교와 교량을 지나 왼쪽 둑 위로 올라서서 큰 도로(금릉역로)를 따라 약 200m 가면 금릉역이다. 금릉역에서 행주산성 인근의 행신역까지는 전철로 25분 정도 걸린다.

행신역에 내려서는 역광장에서 왼쪽(서쪽) 인도를 따라 400m 가면 다시 왼쪽으로 철길을 넘어가는 육교가 나온다. 육교를 넘어가면 충장근린체육공원인데, 공원을 통과해 도로에서 다시 좌회전해서 1km 가면 행주산성 주변 자전거길과 만난다.

● **코스**　　행주산성(행주대교 북단) → 원능친환경사업소(3.9km) → 킨텍스야구장(10.1km) → 법곳IC(12.3km) → 자유로휴게소(자전거 출입가능, 15.3km) → 구산IC(18.1km) → 파주출판단지 북센삼거리(19.9km) → 송촌대교(공릉천 합수점, 27.0km) → 영천배수갑문(30.1km) → 금촌 경의선 철교(36.6km) → 금릉역(37.3km). 약 4시간 소요.

● 여행 팁

자동차에 자전거를 싣고 와서 행주산성에서부터 출발하고 싶
다면, 행주대교 북단에서 행주산성 방면으로 우회전하고 유턴
식으로 돌면 구행주대교 북단이 나온다. 여기에 무료주차공간
이 제법 있다. 강변의 행주산성공원에도 무료주차장이 있다.
행주산성 입구 주차장은 2천 원을 내면 하루 종일 주차할 수
있지만 언덕 위에 있어 자전거로 접근하기가 다소 불편하다.

● 추천 맛집

엉클통바베큐(행주산성): 구행주대교 북단 근처에 있다. 숯불에
구워낸 등갈비가 일품이다. ▶ **위치**: 경기도 고양시 덕양구 행
주산성로 179 ▶ **문의**: 031-972-2167

파주출판단지 자유로휴게소: 고속화도로인 자유로 변에 있는
휴게소다. 고속도로 휴게소와 같은 개념이지만 후문을 통해 자
전거로 진입할 수 있다. 다양한 식당 메뉴와 편의점을 이용할
수 있다. 파주출판단지 초입의 북센삼거리에서 좌회전하면 바
로 왼쪽에 주유소 간판이 서 있는 휴게소 진입로가 보인다.

자전거 빌려 타고
가뿐하게 두물머리 돌아오기

서울을 벗어나 교외로 조금 멀리 나가고 싶지만 왕복 거리가 너무 길다. 자전거를 자동차나 전철에 싣고 가자니 그것도 번거롭다. 특히 초보자를 포함한 가족이나 연인끼리 갈 때는 더욱 그렇다. 이럴 때는 자전거를 빌려 타는 것도 하나의 방법이다. 중앙선 팔당역에서 자전거를 빌려 타고 두물머리를 돌아오거나 양평까지 가서 전철로 돌아오는 방법이 있다.

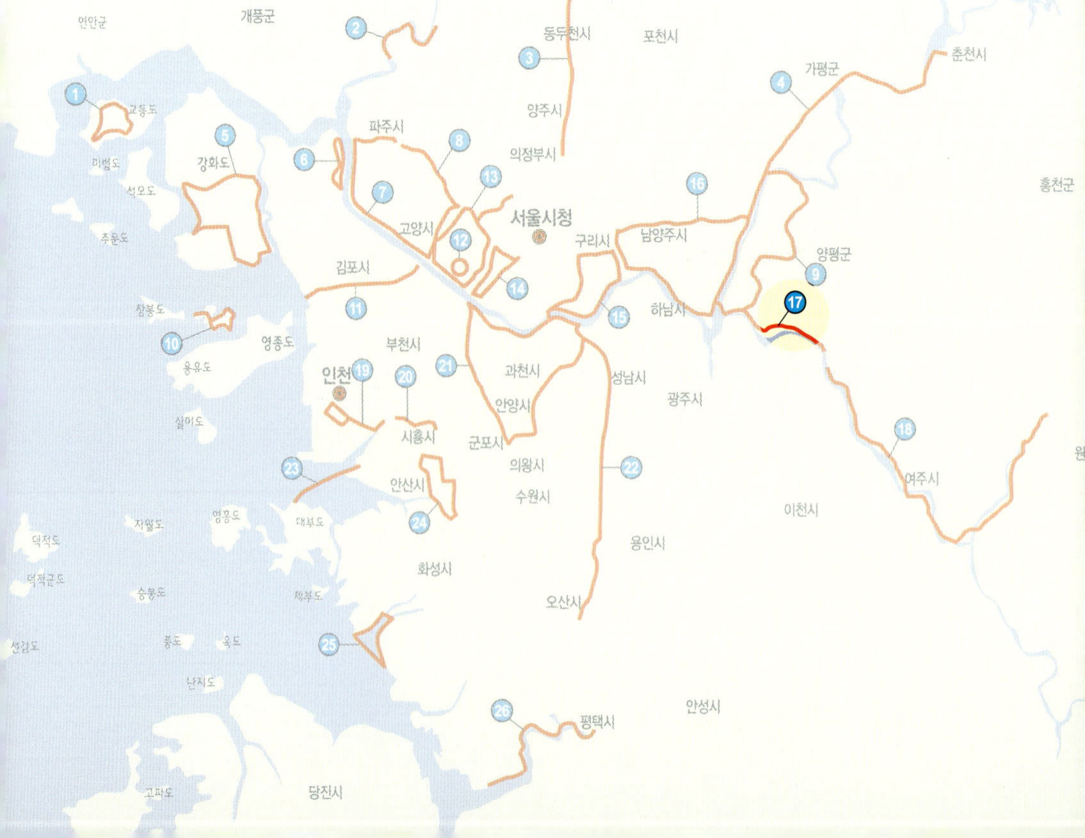

터널을 지나면 물의 나라다. 남한강 자전거
길 봉안터널 이야기다. 옛날 중앙선 철로를 이용한 자전거길은 팔당
댐 옆에서 터널을 통과하는데, 터널을 벗어나면 갑자기 거대한 호수
가 펼쳐진다. 바로 팔당호다. 예전의 능내역은 휴게소로 탈바꿈했지
만 여전히 시골역 특유의 정취로 눈길을 사로잡고 발길을 붙잡는다.
서울 지척에 이런 풍경이 있다는 것이 놀라울 뿐이다.

4대강 자전거길을 포함해 전국의 자전거길 중에서 경치와 다채로
운 볼거리, 접근성에서 최고로 꼽히는 곳은 단연 팔당대교~북한강철
교 사이의 남한강 자전거길이다(2008년 행정안전부 여론조사 결과). 서
울에서 가까워 많은 사람들이 이용해서 지명도가 높은 것도 있지만

객관적인 사실로도 그렇다. 팔당대교와 팔당댐 사이에는 한강 최후의 십리협곡이 숨 막힐 듯 좁혀들고, 팔당댐을 지나면 거대한 팔당호가 산중을 가득 메우는 별천지가 펼쳐진다.

팔당역에서
자전거 빌려 타고 출발!

서울 동쪽에 자리한 중앙선 팔당역 앞에는 대규모 자전거 대여소가 모여 있다. 이곳이 자전거 대여소의 최적지가 된 데는 이유가 충분하다. 우선 전국에서 가장 인기 높고 매혹적인 자전거길이 바로 옆을 지난다. 그리고 서울 시내에서 전철을 이용해 쉽게 올 수 있다. 마지막으로 남한강 자전거길이 중앙선 전철과 붙어 가서 도중에 만나는 역에서 언제든지 열차를 타고 돌아오기 편하다(중앙선 전철은 평일에도 자전거 승차 가능).

그렇다면 빈손으로 팔당역에서 내려 자전거를 빌려 타고 남한강 자전거길을 돌아본 다음, 다시 팔당역으로 돌아와 가뿐하게 귀가할 수 있는 것이다. 팔당역까지 자전거로 오기에는 너무 멀거나, 자동차나 전철로 자전거를 운반하는 것이 번거로울 때의 스마트한 해결책이다. 또한 초보자나 가족, 연인끼리 함께 가벼운 마음으로 교외에서 자전거 하이킹을 할 수 있는 최고의 방법이다.

팔당역 앞에는 대규모 자전거 대여소가 여러 곳 있다. 유아용 트레일러부터 팻바이크, 전기자전거까지 모든 종류를 갖추고 있어 가볍게 빌려 타서 짧은 여행을 즐기기에 좋다.

팔당역에서 자전거를 빌렸다면, 이제 출발하면 된다. 양평 방면으로 약 100m 가면 나오는 팔당2교에서 개천을 따라 오른쪽으로 꺾어 6번 국도 아래를 지나면 남한강 자전거길이 나온다. 이제부터는 왼쪽으로 곧장 따라가면 된다. 1km 가면 옛날 중앙선 폐철로를 이용한 자전거길이 시작된다. 폐철로 구간은 언덕 높이 나 있어 전망이 시원하고, 노면은 평탄하다. 바닥을 잘 보면 레일이 그대로 남아 있는 것을 알 수 있다.

오른쪽 아래로는 마치 강원도 산간 계곡 같은 풍경이 펼쳐진다. 팔당대교까지만 해도 폭 1km가 넘던 한강은 300m 정도로 훌쩍 좁아진데다 바닥에는 암초까지 드러나서 강이라기보다 넓은 계곡 같다. 북쪽의 예봉산(678m)과 남쪽의 검단산(658m) 사이에 형성된 이 십리협곡은 서울과 교외를 가르는 분기점이기도 하다.

팔당댐 옆을 통과하는 봉안터널을 지나면 이제는 실로 '물의 나라'다. 짙푸른 팔당호는 잔잔히 침잠한 채 계절이나 날씨에 따라 햇살과 구름, 단풍, 창공을 비추는 대자연의 거울이 된다.

능내역 휴게소도 반갑다. 옛날 역사를 그대로 살린 휴게소는 시골 간이역의 서정이 물씬 묻어난다. 능내역을 지나 북으로 방향을 튼 자전거길은 이제 북한강변을 끼고 간다. 오른쪽으로는 북한강과 남한강의 합수점에 형성된 두물머리 섬이 길쭉하다.

두물머리 섬으로 이어지는 양수대교를 지나면 이번 코스의 백미가 기다린다. 바로 북한강철교다. 길이 570m의 낡은 철교는 이제는 자전거길로 남았고, 바로 옆에 새로운 중앙선 철교가 높직이 지난다. 북한강철교는 1939년 처음 건설되었으니 80주년을 목전에 두고 있다. 기분 좋게 덜컹이는 바닥목재의 그립감이 상큼하다. 도중에는 바닥에 투명창을 달아 시퍼런 물길을 내려다볼 수도 있다.

철교를 건너자마자 오른쪽으로 내려서서 양수리 마을을 관통해 2km 가면 1차 목적지인 두물머리다(팔당역에서 약 13km). 우리말 이름 그대로 북한강과 남한강 두 물이 만나는 머리 지점이다. 남북에서

남한강과 북한강이 만나는 두물머리의 끝단에는 고목이 비석처럼 서 있다. 고목을 향해 팔당호의
잔물결이 은근히 모여든다.

흘러온 한강은 여기서 한데 모여 팔당호를 이루고, 호반에 홀로 선 느티나무는 대자연과 세월의 무게감으로 장중하다.

라이딩·양수역·양평역,
세 가지 갈림길에서

두물머리에서는 세 가지 선택지가 앞에 놓인다. 왔던 길을 되짚어 라이딩으로 복귀하는 것, 가까운 양수역(또는 운길산역)에서 전철을 타고 팔당역으로 되돌아가는 것, 양평역까지 20km 정도를 더 가서 전철로 복귀하는 것이다. 이 중에서 자신이 마음에 내키거나 체력이 허락하는 대로 고르면 된다.

라이딩으로 돌아가는 것은 왔던 길을 그대로 되짚어 가면 되지만 이미 왔던 길이니 조금 지루할 수 있다. 하지만 초행이라면 같은 길이라도 오갈 때 보는 시점이 달라지고 풍경도 변하기 때문에 결코 지루하지 않다. 양수역은 북한강철교 동단에서 1km 더 가면 된다.

양평역은 두물머리에서 20km가량 더 가야 하는 꽤 먼 곳에 있다. 길고 짧은 8개의 터널이 있어 전국 최다의 '터널 구간'이기도 하다. 국수역을 지나면 길은 강에서 조금 멀어지고, 예쁜 전원주택과 펜션이 즐비한 시골풍경이 반겨준다.

경기 남부 최고봉인 용문산(1,157m) 남단에 자리한 양평읍은 실질

건설한 지 80년이나 되고 녹슨 철교를 그대로 재활용한 북한강철교를 자전거로 건너는 것은 아주 특별한 경험이다. 바닥에 유리를 깔아 시퍼런 물길을 내려다볼 수도 있다.

적으로 수도권의 동쪽 끝처럼 느껴진다. 수도권 전철망도 여기(정확히는 10km 더 간 용문역)까지고, 지형적으로도 추읍산(583m) 줄기 너머에 있는 여주는 완연한 다른 지방으로 다가온다.

양평읍 내에서 단연 두드러진 38층짜리 고층 건물(오스타코아루)은 양평읍의 랜드마크인데, 양평역은 이 건물 바로 옆에 있어 찾기 쉽다. 전철은 30분 정도 간격으로 있으며, 양평역에서 팔당역까지는 20분 걸린다.

● 코스   **단축코스**: 양평역 → 팔당댐(4.1㎞) → 능내역(6.1㎞) → 북한강

철교(10.2㎞) → 두물머리(12.7㎞). 약 1시간 소요. ※ 코스를 왕

복하거나, 운길산역 또는 양수역에서 전철로 팔당역 복귀.

전체코스: 양평역 → 두물머리(12.7㎞) → 국수역(23.8㎞) → 양

평역(34.2㎞). 약 3시간 소요. ※ 양평역에서 전철로 팔당역 복

귀(배차간격 30분, 약 20분 소요).

● 여행 팁   팔당역 근처에 대규모 자전거 대여소가 여러 곳 있다. 대여료

는 일반자전거 1시간에 3천 원, 고급자전거 5천∼6천 원. 종

일은 일반자전거 1만 원, 고급자전거 2만 원 선이다. 2인승 자

전거나 전기자전거도 빌릴 수 있다. 헬멧도 함께 빌려준다. 출

발 전에 물과 간식을 챙겨서 작은 배낭에 넣어 휴대하면 편하

다. 초보자나 어린이가 있을 경우 두물머리까지 왕복하거나

(약 26km), 양수역에서 전철로 돌아오는 10km 편도 여정을 추

천한다. 시간이나 체력적으로 여유가 있다면 양평역까지 편도

34km에 도전해보자.

바이크토탈: 각종 자전거 2천 대를 갖춘 전국 최대의 대여점

이다. 팔당역 앞에 있는 남양주역사박물관 바로 옆에 있다. 건

물 뒤에 무료주차장이 있어 자가용을 이용할 수도 있다. ▶ **위**

치: 경기 남양주시 와부읍 팔당로 127 ▶ **문의**: 031-977-

6147 ▶ **홈페이지**: www.biketotal.co.kr

● 추천 맛집   **팔당초계국수**: 팔당역에서 양평 방면으로 1km 지점인 폐철로

진입로에 있다. 닭고기를 얹은 국수 맛이 일품이다. ▶ **위치**: 경

기도 남양주시 와부읍 다산로 43 ▶ **문의**: 031-576-0330

봉주르: 봉안터널과 능내역 사이, 강변 자전거길 바로 옆에 자

리해 경치와 분위기가 좋다. 숯불고기와 쌈밥정식이 맛나다.
카페로 즐길 수도 있다. ▶ **위치**: 경기도 남양주시 조안면 다산
로494번길 14 ▶ **문의**: 031-576-7711

옥천냉면: 양평읍에 진입하기 전 아신역을 조금 지난 지점에
있다. 본점은 옥천리에 있고, 이 집은 가족이 경영하는 분점
이다. ▶ **위치**: 경기도 양평군 옥천면 경강로 1493-8 ▶ **문의**:
031-774-0033

파주에서 공릉천·창릉천 따라 행주산성으로

파주(금촌)를 관통하는 공릉천은 도봉산과 북한산에서 발원해 북서쪽으로 흘러 오두산
통일전망대 근처에서 한강에 합류한다. 공릉천 자전거길은 고양시 삼송신도시를 사이에
두고 창릉천 자전거길과 근접해 있어 행주산성을 기점으로 파주를 돌아오는 일주코스를
구성하기 좋다. 행신역과 금릉역을 활용하면 편도는 전철을 이용할 수 있다.

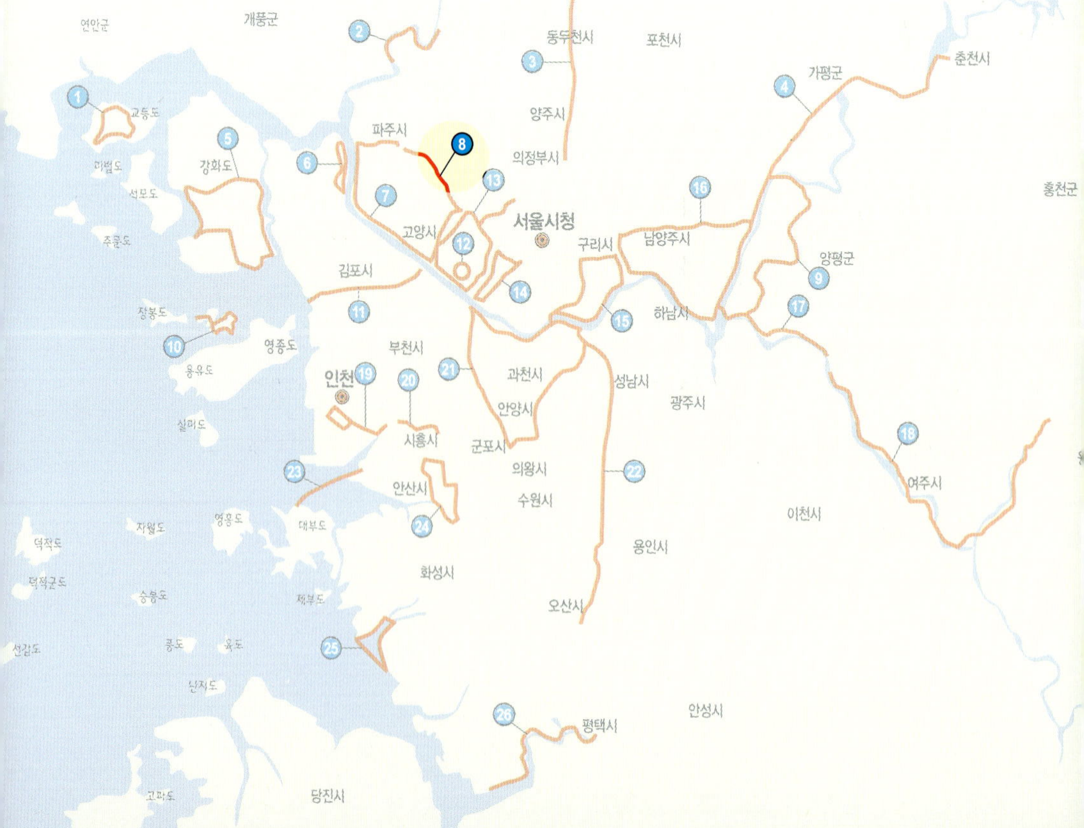

이번에도 경의선을 타고 가보자. 출발지는 자유로길과 같은 행신역이다. 앞서 소개한 자유로길과 달리 먼저 전철을 타고 파주로 갔다가 돌아올 때 공릉천~창릉천 자전거길을 라이딩하는 여정이다. 물론 반대로 해도 상관없지만 이 코스는 먼저 전철로 가서 남진南進 라이딩을 하는 것이 길 찾기에 다소 편하다.

북한산에서 발원해 파주로 흐르는 공릉천에는 중하류에 자전거길이 잘 나 있다. 공릉천 자전거길과 창릉천 자전거길 사이에는 고양 삼송지구 신도시가 가로막고 있어서 이를 관통해야 하지만, 시가지 도로변에도 자전거길이 넉넉하게 마련되어 있기 때문에 통과에 별 어려움이 없다.

가을이 깊어가는 공릉천 자전거길에 낙엽이 스산하다. 고양시 관산동 부근.

행신역에서 문산 방면 전철을 타고 금릉역에서 내린다. 역 남쪽으로 약 400m 내려오면 공릉천 자전거길이다. 멀리 북한산이 보이는 왼쪽 (동쪽) 상류 방면으로 진행한다.

봉일천, 필리핀참전비,
창릉천 경유

공릉천 주변은 대도시 근교에서 만나볼 수 있는 특유의 어정쩡한 분위기를 자아낸다. 전원 풍경도 있지만 작은 시가지와 공장 등으로 어수선하기 때문이다. 자전거길은 천변에 살 끔히게 조성되어 있고, 맑은 날에는 저 멀리 북한산의 준봉들이 내내 반겨준다. 강물도 생각보다 깨끗하고, 간간이 보이는 갈대숲도 매우 정겹다.

금릉역 아래 공릉천길 초입에서 3.9km 가면 봉일천교가 나온다. 봉일천奉日川은 한 번 들으면 잊히지 않는 특별한 지명이다. 흔하지 않은 세 자 이름도 그렇고, 봉일천이라는 촌스러운 발음도 그렇다. 홍수를 막기 위해 해를 받든다는 태양숭배에서 유래한 지명이라는데 근거가 분명하지는 않다. 봉일천교에서 조금 더 간 북쪽 산자락에는 공릉천 이름이 유래한 공릉恭陵이 있다. 조선 초기 예종의 비였던 장순왕후 한 씨의 무덤이다.

신도시로 개발되고 있는 고양시 삼송지구의 창릉천 자전거길. 도로의 페인트마저 채 마르지 않은 듯 정갈하고, 인적도 드물어 한가롭다.

서울이 가까워질수록 공장과 물류창고 같은 건물들이 많이 보인다. 10km 가면 강 건너로 어린이에게 인기가 많은 테마동물원 '쥬쥬'가 보인다. 13.9km 지점에는 작은 체육공원이 있는데, 바로 옆을 지나는 1번 국도 건너편에는 필리핀참전비가 서 있다. 여기서 공릉천 좌안의 자전거길은 끝나고, 체육공원 끝지점에서 징검다리를 건너 우안으로 넘어가야 한다.

우안길을 따라가면 서울외곽순환도로 아래를 지나 고양시 삼송지구 신도시로 진입하게 된다. 신도시 초입의 벽제교에서 800m 직진했다가 권율대로 농협대학교 방면으로 우회전한다. 작은 고개를 넘어 삼송마을 15단지 1501호 앞에서 좌회전해서 약 700m 가면 창릉천 자전거길을 만난다. 삼송 신도시는 도로변에 자전거도로가 나 있어 안전하게 지날 수 있다.

이제 창릉천을 따라 하류 방면으로(우회전) 8.5km 가면 한강 자전거길과 만나는 방화대교 북단이다. 우회전하면 바로 행주산성이 나온다. 창릉천 자전거길은 원흥지구 신도시 구간이 아직 완공되지 않아 일부 비포장 구간이 있지만 상태가 나쁘지 않고, 하천길만 계속 따라가면 되므로 길 찾기는 어렵지 않다.

- ● **코스**　금릉역 → 봉일천교(4.5km) → 쥬쥬동물원 맞은편(10.6km) → 필리핀참전비(14.7km) → 벽제교(18.1km) → 삼송마을 15단지 (좌회전, 20.4km) → 창릉천 자전거길(30.2km) → 화도교(건너서 우회전, 35.5km) → 방화대교 북단(38.8km) → 행주대교 북단 (41.2km). 약 4시간 소요.

- ● **여행 팁**　자유로 코스가 경의선을 중심으로 서쪽에 있다면, 공릉천 코스는 동쪽에 있다. 공릉천과 창릉천 자전거길을 타게 되는데, 둘 사이에 놓인 삼송지구 신도시를 통과해야 한다. 삼송지구와 원흥지구 모두 아직 공사중이어서 길이 반듯하게 완비된 것은 아니지만 라이딩에는 무리가 없다. 행신역을 기점으로 잡아 금릉역으로 먼저 가서 남하하거나, 반대로 금릉역까지 먼저 라이딩했다가 전철로 돌아올 수도 있다.

● **추천 맛집**

장가계: 직접 손으로 뽑아내는 수타 면발로 만든 자장면이 유명하다. 코스가 지나는 삼송마을 15단지 1501호 맞은편에 있다. ▶ **위치**: 경기도 고양시 덕양구 권율대로 753-1 ▶ **문의**: 031-968-8866

의정부에서 소요산까지
한 번은 전철, 한 번은 라이딩

1호선 전철과 자전거길이 소요산역까지 개통되면서 전철을 활용한 근교 투어가 가능해졌다. 양주~소요산 간의 신천 자전거길은 중랑천 자전거길과 연결되어 있고, 철길을 따라 남북으로 길게 달린다. 신이문역 이북의 중랑천 자전거길과 접한 1호선 전철역을 활용하면 편안하고 안전한 소요산 투어를 즐길 수 있다.

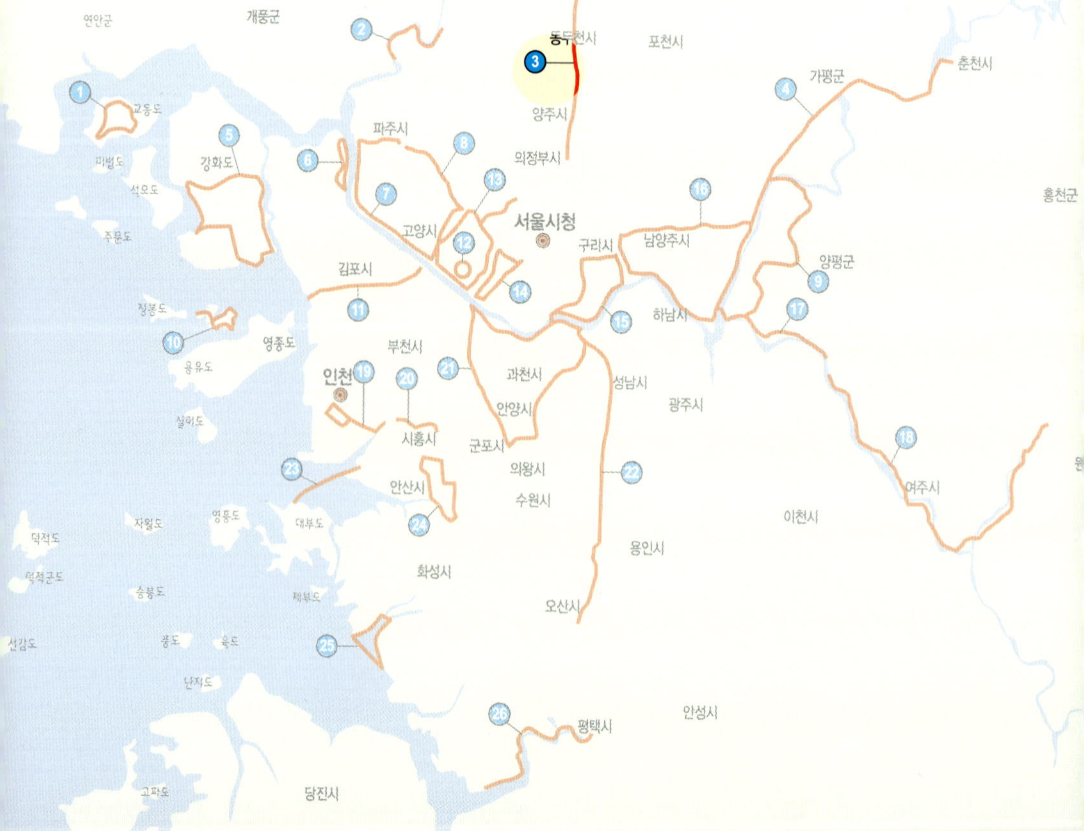

서울 동부를 관류하는 중랑천은 북쪽으로 의정부를 거쳐 양주까지 이어진다. 의정부까지는 오래전에 자전거길이 개통되었고, 최근 몇 년 사이 양주~동두천을 거쳐 소요산역까지 자전거도로가 열렸다. 장대한 서울 근교 코스가 생겨난 것이다.

소요산은 의정부에서도 북으로 25km나 가야 하고, 중랑천과 한강 합수점인 서울숲에서 출발하면 편도 50km가 넘는다. 왕복할 경우 100km 이상의 장거리가 되어 서울에서 소요산까지 가기에는 다소 부담스럽다. 하지만 소요산까지 개통되어 있는 1호선 전철을 이용하면 오가는 길에 편도 여정을 즐길 수 있다. 붐비지 않는 의정부 이북의 경원선은 평일에도 자전거를 휴대하고 승차할 수 있다. 원래 서울과 원산을 잇는 경원선 철도지만 소요산역까지 전철이 개통되면서 경원선 일반열차는 동두천~연천~백마고지 구간에서만 운행된다. 전철 1호선과 경원선이라는 명칭이 함께 사용되는 이유다.

의정부에서 소요산까지 가는 데는 두 가지 방법이 있다. 하나는 소요산까지 곧장 갔다가 전철을 타고 되돌아오는 방법, 또 다른 하나는 전철을 타고 소요산까지 먼저 갔다가 라이딩으로 돌아오는 방법이다.

여기서는 의정부 외곽에 자리한 녹양역에서 전철을 타고 소요산역으로 먼저 간 다음, 라이딩으로 녹양역에 돌아오는 여정을 소개한다.

전원으로 녹아드는
녹양역~소요산역

녹양역에서 소요산행 열차의 배차간격은 출퇴근 시간에는 20분, 그 외는 30분 간격으로 많지 않은 편이다. 열차의 맨앞과 맨뒤 칸으로 승차하면 된다.

열차에 오르니 동두천에 미군부대가 있어서인지 젊은 미군들이 여럿 보인다. 열차는 정북을 향해 달리고, 갈수록 산과 들이 늘어나면서 전원풍경이 깊어간다. 양주역을 지나면 왼쪽으로 기암괴석이 돌출한 불곡산(466m)이 보이는데, 중랑천은 여기서 물길이 끊어진다. 나지막한 분수령을 넘으면 덕계 들판이 나오면서 임진강의 지류인 신천 유

자전거와 열차가 동무 삼아 달리는 곳. 덕계역~양주역 구간은 한적한 시골에 자전거길이 전철과 근접해 있어서 이채롭다.

역으로 접어든다. 신천은 전곡에서 임진강 제1지류인 한탄강과 합류한다.

덕계와 덕정역 일대도 신도시 개발이 한창으로, 고층 아파트가 치솟고 있다. 동두천에 들어서면 소요산(588m) 자락이 드러나고, 전철 종점도 가깝다. 소요산역 이북의 전곡·연천 방면으로 가려면 동두천역에서 일반열차를 갈아타야 한다. 전철노선은 소요산역이 종점이고, 소요산역에서 내리면 이제부터는 라이딩 시작이다.

이제부터 시작이다. 소요산역 남쪽에 있는 소요교를 건너면 왼쪽으로 동두천 방면 자전거길이 시작된다. 건너편 산은 소요산(587m)과 비슷한 높이로 마주보고 있는 마차산(588m).

소요산역 바로 남쪽의 소요교를 건너면 왼쪽으로 신천 자전거길이 시작된다. 한강 못지않게 자전거길은 깨끗하고 세련되게 잘 조성되어 있다. 동두천 시내로 들어서면 자전거길은 강 양안에 모두 나 있고, 강변길만 따라가면 되기 때문에 길 잃을 염려는 없다.

동두천 시내를 벗어나면 길은 강 동쪽(진행방향에서 왼쪽)에만 있다. 그러므로 시내 구간에서 미리 다리를 건너 왼쪽 둔치로 옮겨가는 것이 편하다.

덕정역부터는 신천 본류를 벗어나 물줄기는 아주 작은 개울 정도로 줄어든다. 자전거길은 대체로 철길과 함께 가기 때문에 필요할 경우 언제든지 가까운 역에서 전철을 탈 수도 있다. 덕계역을 지나면 자전거길은 개울가에서 떨어져 철길 옆을 바짝 붙어간다. 실 서편에 양주시청이 보이면 불곡산 자락을 벗어나면서 서울 초입을 알리는 도봉산(740m)이 점점 다가선다. 출발지인 녹양역은 의정부 북쪽을 길게 감싸고 있는 천보산(423m) 끝자락에 있다. 중랑천 자전거길과 녹양역 사이에는 패션로데오거리가 반겨준다.

● **코스**　　　의정부 녹양역 → 소요산역(전철로 이동). 약 30분 소요.

소요산역 → 소요교(건너서 좌회전, 0.5km) → 안흥교(동두천역 부근, 2.8km) → 동두천 신천교(건너서 우회전, 6.1km) → 청담천 합수점(12.0km) → 덕계천 합수점(15.5km) → 덕계역 앞(17.7km) → 마전역(21.2km) → 양주시청 앞(22.5km) → 양주역 앞(23.7km) → 녹양역(26.0km). 약 2시간 소요.

한강 자전거길에서 출발한다면 서울숲~녹양역 간 27km 정도를 라이딩하고, 녹양역~소요산역을 전철로 이용한다면 총 거리가 75km 정도 된다. 녹양역 이전에도 소요산 방면 전철을 탈 수 있는 역이 중랑천 변에 많이 있다. 소요산행 열차는 30분 간격으로 운행한다.

중랑천 자전거길에 근접한 1호선 전철역(서울숲에서 가까운 순)은 신이문역 – 석계역 – 월계역 – 녹천역 – 도봉산역 – 망월사역 – 회룡역 – 녹양역이다.

평남면옥(동두천): 60년 전통을 자랑하는 냉면 전문점이다. 동두천 시내 신천교 동쪽 이면도로에 있다. ▶ **위치**: 경기도 동두천시 생연로 127 ▶ **문의**: 031-865-2413

착한낙지(의정부): 녹양역에서 중랑천을 건넌 맞은편 도로변에 있다. 매콤한 낙지요리로 유명하다. ▶ **위치**: 경기도 의정부시 동일로 852 ▶ **문의**: 031-841-5456

여의도에서 오산까지 라이딩,
전철 타고 돌아온다

오산은 수원 남쪽에 자리한 수도권의 주변지역이지만 오산천을 따라 자전거도로가 많이 개설되어 있어서 라이딩이 어렵지 않다. 서울에서 오산 가는 길은 점점 확산되는 수도권의 영역을 실감하는 과정이기도 하다. 완전히 다른 지방으로 느껴지던 오산인데, 서울~오산 간도 시가지로 완전히 연결되기 직전이다.

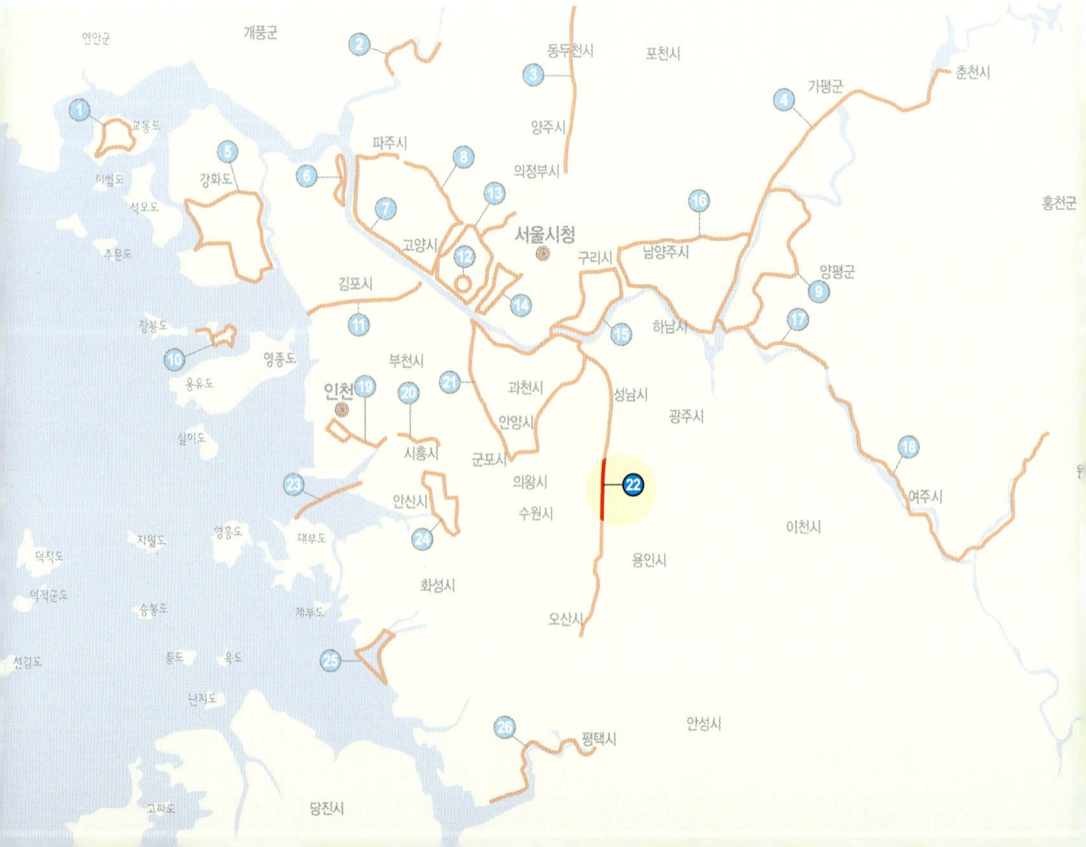

초보자에게는 이번 코스를 권하지 않는다는 점을 미리 밝힌다. 장거리와 도로 라이딩 경험이 많은 베테랑에게만 추천하며, 초보자는 반드시 베테랑과 동반하기를 권한다. 주행거리가 70km에 달하고, 자전거도로 외에 일반 도로와 공사중인 신도시 등을 지나야 해서 도로주행 요령이나 길 찾기에 경험이 많아야 한다. 하지만 서울 중심에서 교외를 훌쩍 벗어난 오산까지 두 다리의 힘만으로 주파하면 공간에 대한 이해가 깊어지고, 육체적·정신적 성취감도 대단할 것이다.

코스를 간략히 요약하자면, 여의도에서 출발해 한강 자전거길을 따라 동쪽으로 가다가 탄천 자전거길로 분당~기흥~동탄을 거쳐 오산역까지 가는 70km의 장거리다. 거리도 거리지만 길 찾기가 만만치 않으므로 사전에 충분한 준비와 시간적·체력적 여유가 필요하다. 돌아올 때는 전철이나 무궁화 열차를 이용한다. 전철은 신길역에서, 무궁화는 영등포역에서 내리면 여의도와 가깝다.

여의도에서 출발,
기흥과 동탄 구간이 난관

한강 자전거길 어디에서 출발해도 좋지만, 여기서는 돌아오는 전철역(신길역)과 가까운 여의도를 기준으로 소개한다. 국회의사당 옆의 둔치 주차장에 차를 두고 출발하는 경우로 가정해보자.

한강 자전거길 강남 방면으로 16.5km 가면 청담대교 남단의 탄천 분기점이 보인다. 이제부터는 탄천을 따라 계속 남하하면 된다.

여의도에서 35km 가면 분당천 합수점이다. 그대로 직진해 43.4km 가면 수지 방면의 정평천 합수점이 나온다. 이곳을 지나면 분당을 벗어나게 되고, 용인시 죽전지구로 진입한다. 탄천 자전거길은 여의도에서 46.5km 지점인 구성역 근처에서 끝나지만, 도로를 따라 자전거길은 꾸준히 이어진다. 신갈분기점을 우회하면 49.7km 지점에 수원 방면 42번 국도와 만나는 신갈오거리가 보인다. 여기서 수원 방면으

인공으로 한껏 멋을 부렸어도 기흥저수지 호반길은 매우 아름답고 길 자체도 멋지다. 어수선했던
저수지 주변도 깔끔하고 정돈되어 보인다.

로 500m 정도 가다가 길 건너편에 있는 두진아파트 쪽으로 횡단보도
를 건너 넘어간다.

　두진아파트로 들어가지 말고 직진해서 한국도로공사를 지나가
면 왼쪽으로 오산천이 나타난다. 한국도로공사에서 오산천을 따라
1.3km 가면 개울 건너편으로 일양약품이 보이는 다리인 하갈교가 나
온다. 다리를 건너 우회전해서 300m 가면 기흥호수공원 순환길이 시
작된다. 호반을 따라 나 있는 자전거길은 매우 아름답고 운치 있다.

서울 강남권을 벗어나면 분당 방면으로 탄천 자전거길이 장대하게 뻗어난다. 길가의 억새는 햇살
에 바스라지며 정겨운 전원의 내음을 더해준다.

호수공원이 끝나도 317번 도로변에 자전거도로가 나 있어 그대로 따라가면 된다. 호수공원 순환길을 벗어나 2.2km 가서 경부고속도로 기흥동탄 톨게이트 아래를 지난다. 굴다리를 지나자마자 동탄중앙로를 따라 우회전해 약 500m 가다가 예담마을 방면으로 좌회전한다. 여기에서 100m 가다가 작은 시멘트길로 우회전해서 200m 가면 붉은 노면으로 포장된 자전거길이 나온다. 좌회전하면 오산천을 따라가는데, 노작호수공원을 지나면 오른쪽으로 동탄 신도시의 고층 아파트가 가까이 다가선다.

자전거길은 반석산공원과 오산천 사이의 산책로를 지나는데, 반석산공원의 700m 구간은 보행전용이어서 자전거 출입을 금하고 있다. 하지만 달리 자전거길이 없고 길 폭이 넓어서 보행자를 주의하며 진행한다. 반석산공원을 벗어나면 나루교가 나온다. 왼쪽 강 건너편은 산업단지와 신도시 공사가 한창이다.

나루교에서 1km 가면 나오는 두 번째 다리인 금반교를 건넌다. 다리를 건너 첫 번째 사거리에서 우회전해 약 200m 가면 다시 자전거도로가 나온다. 오른쪽은 오산천, 왼쪽은 동탄산업단지다. 계속 직진하다가 은계동성당과 오산중고차시장 앞에서 자전거길이 끝나지만, 강변길로 400m쯤 가면 오산종합운동장부터 산뜻한 자전거길이 다시 시작된다. 종합운동장에서 1.5km 가면 남촌대교가 나오고, 약 200m 더 가서 왼쪽 언덕길로 올라가 골목길로 진입하면 오산역 2번 출구로 이어진다.

오산역에서 신길역 방면 전철은 20분 간격으로 있으며, 1시간 정도 걸린다. 평일에도 출퇴근 시간이 아니면 자전거 승차를 묵인해준다.

- **코스**　여의도 → 탄천 분기점(16.5km) → 분당천 합수점(35.0km) → 탄천 자전거길 종점(구성역 근처, 46.5km) → 신갈오거리(49.7km) → 기흥호수공원(52.4km) → 기흥동탄 톨게이트(57.7km) → 동탄 노작호수공원(60.0km) → 금반교(62.7km) → 오산종합운동장(66.4km) → 오산역(69km). 약 5시간 30분 소요.

- **여행 팁**　거리가 70km에 달하고, 자전거도로와 일반도로 등 다양한 길이 섞여 있으며, 길 찾기도 쉽지 않다는 점을 유의해야 한다. 동탄 일대는 공사구간도 적지 않다. 탄천과 오산천을 연결한다고 보면 되는데, 중간에 있는 신갈과 기흥 일대는 도로를 이용해야 한다. 도로변에 자전거도로가 있기는 하지만 상태가 나쁘거나 차량 통행이 많아 주의가 필요하다.

- **추천 맛집**　**노작골(동탄)**: 오리요리와 닭갈비로 유명한 곳으로, 반석산을 돌아나가는 산책로 남단에 있다. ▶ **위치**: 경기도 화성시 노작로1길 20-5 ▶ **문의**: 031-613-9595
  부용식당(오산): 순대국밥으로 유명한 집이다. 오산천 변의 오산시민회관에서 남쪽 시내방면으로 약 400m 떨어져 있다. ▶ **위치**: 경기도 오산시 오산로278번길 11 ▶ **문의**: 031-377-1420

수도권은 서쪽은 바다, 동쪽은 산악지대, 그 사이에 거대한 한강이 흐르는 대단

히 입체적이고 다양한 지리적 입지를 자랑한다. 북쪽은 휴전선으로 가로막히고

남쪽에는 광대한 평야가 펼쳐진다. 서울에서 조금만 벗어나도 한적한 전원과

산간, 조용한 강변 풍경이 우리를 반겨준다. 수도권이 품고 있는 대자연의 감동

을 두 바퀴로 만나보자.

수도권 외곽 코스 6선

- 소래포구~물왕저수지
- 평택 아산호
- 안산 일주
- 김포반도 철책선길
- 경인 아라뱃길
- 임진강 평화누리길 반구정~화석정

스산한 폐염전, 쾌적한 들판, 호젓한 산중호수

소래포구는 수도권에서 가장 유명한 포구일 것이다. 언제부터인가 고층 아파트 숲에 포
위되었지만 어딘가 후줄근하고 왁자한 분위기는 변함이 없다. 소래포구 옆의 소래습지생
태공원에서 시흥갯골생태공원에 이르는 길은 폐염전과 갯골이 서정적이다. 시흥갯골생
태공원에서 다시 물왕저수지까지는 작은 들판을 가로지르는 한가로운 전원 풍경이 기다
린다.

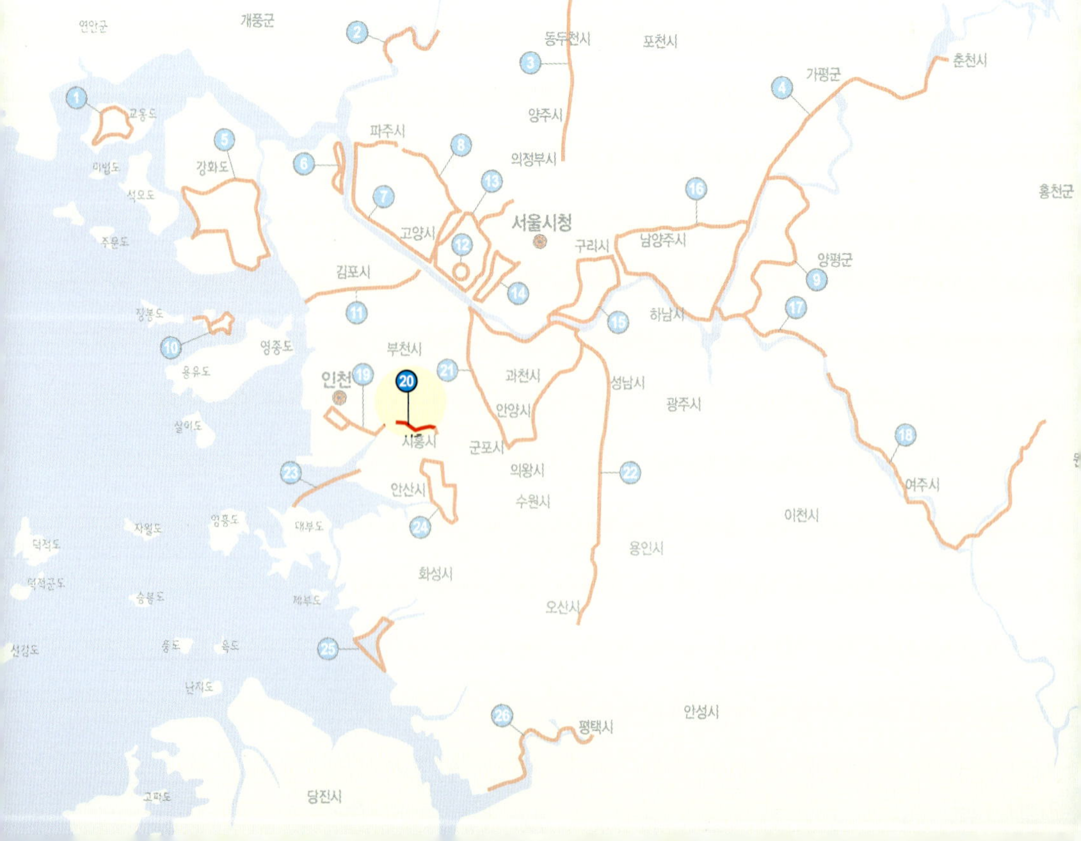

갯벌 위에는 고깃배가 기우뚱 올라 앉아 있고, 포구에는 갈매기가 오락가락 노닌다. 낭만적인 풍경이 가득한 소래포구는 수도권에서 보기 드문 전통포구다. 좁은 골목마다 사람들로 흥청대고, 흐드러진 좌판과 비릿한 바다내음이 폐부를 적신다.

소래포구는 수도권 주민들에게 아련한 향수와 그리움을 불러일으키는 대명사다. '포구浦口'라는 명칭 자체에 이미 노스탤지어의 짙은 향기가 묻어나고, '소라'와 닮은 소래蘇萊라는 지명에도 아득한 동경이 아른거린다.

협궤열차가 멈춘 대신 세련된 전철이 지나며, 포구의 낮은 건물 뒤로는 고층 아파트가 하늘을 가려도 '소래포구' 하면 떠오르는 그 푸근하고 후줄근한 친근감은 그대로다. 도시화된 소래포구에 여전히 많은 사람들이 찾는 이유는 지금도 소래포구에 가면 마음속에 꿈꾸었던 풍경이 원형처럼 남아 있기 때문일 것이다.

이 소래포구에서 약 10km 떨어진 내륙에는 물왕저수지가 산중에 숨어 있다. 소래포구에서 물왕저수지로 가는 길은 갯벌과 폐염전, 거대한 연못과 넓은 들판을 지나면서 수도권 최고의 다채로운 경관을 선사한다.

거대한
폐염전 터

소래포구의 로맨틱하면서도 처연한 이미지는 옛날 포구 일원에 있던 대규모 염전 때문이다. 총 면적이 500만m²(약 145만 평)에 달해 한때 전국 최대의 규모를 자랑했던 소래염전은 지금은 빛바랜 사진 속 풍경으로만 남았다. 소래염전은 일제강점기 때인 1930년대 중반에 조성되었고, 생산된 소금은 수인선 협궤열차를 통해 인천과 부산을 거쳐 일본으로 실려 나갔다. 한때는 소래염전이 전국 소금 생산량의 30%를 차지할 정도로 위세가 대단했지만 천일염 수입 자유화 이후 사양길을 걷다가 1996년 결국 문을 닫고 만다. 이제 이곳이 한때 염전이었음을 알려주는 것은 기념으로 몇 개 남은 앙상한 소

소래습지생태공원에는 옛 염전이 일부 재현되어 있다. 억새초원을 이룬 폐염전 가운데는 서양풍 풍차가 서 있어 동화 같은 분위기를 자아낸다.

금창고뿐이다. 벽과 지붕이 뜯겨나가 바람이 숭숭 지나고 햇살이 관통하는 낡은 목재 창고는 염전터를 가득 메운 갈대밭과 어울려 한없이 스산하다.

그렇게 한동안 버려져 있던 폐염전은 현대적인 생태공원으로 재탄생했다. 소래포구 근처에는 '소래습지생태공원'이, 동쪽에는 '시흥갯골생태공원'이 조성되어 옛날 천일염전을 일부 재현했으며, 갯벌도 보존하고 있다.

소래습지생태공원부터 시흥갯골생태공원까지의 4km 구간은 황량한 폐염전을 가로지르는 특별한 풍경이 펼쳐진다. 무성하게 자란 갈대밭과 구불대는 갯골을 따라 따사로운 흙길이 흐느적거린다. 폐염전이 끝날 즈음에는 시흥갯골생태공원의 세련된 풍경이 반겨준다.

초록의 들판을
만나다

시흥갯골생태공원을 지나면 논으로 그득한 초록의 들판이 펼쳐진다. 이 들판 사이로 시흥시가 자랑하는 그린웨이 자전거길이 물왕저수지까지 7.5km 이어진다. 갯골생태공원에서 3.5km 가면 3만 평이나 되는 연밭이 모인 연꽃테마파크도 만날 수 있다. 여름에는 커다란 연잎과 연꽃이 장관을 이룬다. 자전거길은 들판을 거쳐 물왕저수지 직전에서 끝난다. 이승만 전 대통령이 낚시를 즐겼다는 물왕저수지는 수면이 들판보다 높아서 외진 격리감을 주고, 주변에는 카페와 식당들이 즐비해 분위기 있는 호반 풍경을 완성한다.

소래습지생태공원에서 물왕저수지까지의 거리는 14.5km밖에 되지 않지만 바다·포구·갯벌·폐염전·들판·연밭 등 다양한 풍경을 만날 수 있는 풍성한 길이다. 비포장길이 있으나 전 구간이 평지여서 초보자도 어렵지 않게 완주할 수 있다.

서울 근교에 이처럼 넓은 연밭이 있었다니! 시흥갯골생태공원과 물왕저수지 중간쯤에 있는 연꽃
테마파크는 규모가 상당하고, 매년 8월에 연꽃축제가 열린다.

● 코스

소래습지생태공원 → 부인교(0.9km, 오른쪽 좁은 가로수길) → 부천–월곶 간 서해안로 아래 굴다리(1.9km, 통과후 우회전) → 자전거다리(2.1km) → 시흥갯골생태공원(5.2km) → 연꽃테마파크(10.8km) → 물왕교차로(14.2km) → 물왕저수지(14.5km). 약 1시간 20분 소요.

● 여행 팁

소래습지생태공원은 진입로를 잘 찾아야 한다. 소래포구 북쪽의 풍림아이원아파트 118동 아래 소래포구사거리에서 영동고속도로 굴다리 쪽으로 진입하면 된다. 유료주차장 요금은 1시간에 600원, 종일 3천 원이다. 수인선 전철 소래포구역에서는 약 1km 떨어져 있다. 소래습지생태공원 외곽 일주코스(약 3.4km)도 돌아볼 만하다.

● 추천 맛집

소래포구 선창가 횟집촌: 소래포구 선창가에는 야외에서 돗자리를 펴고 먹는 간이횟집이 줄지어 있다. 날씨만 좋다면 가장 분위기 있고 맛있으며 저렴하게 생선회를 즐길 수 있다.

장어이야기: 소래포구에서 보기 드문 장어전문점으로, 저렴하고 무한리필 장어구이가 유명하다. ▶ **위치**: 인천시 남동구 장도로 37 ▶ **문의**: 032–446–3326

수타박사: 손짜장 전문점으로 시흥갯골생태공원과 연꽃테마파크 중간쯤인 하중교 옆에 있다. 자전거길과 바로 이어져 있어 접근하기 쉽다. ▶ **위치**: 경기도 시흥시 하중로 55–3 ▶ **문의**: 031–317–5578

서울 지척에서 지평선과 호반길이 그립다면?

평택 시내에서 안성천을 따라 아산만까지 마치 4대강 자전거길 같은 강변 자전거길이 나 있다. 평택역에서 아산방조제까지는 29km로, 진위천과 안성천이 합쳐진 물은 방조제에 갇혀 거대한 호수를 이룬다. 강변길은 금방 호반길로 바뀌고, 수도권에서 맛보는 여유와 전원의 정취를 한껏 즐긴다. 호수 저편에는 대규모 미군기지가 들어서고 있고, 강변길에 서는 심심치 않게 미군들을 마주친다.

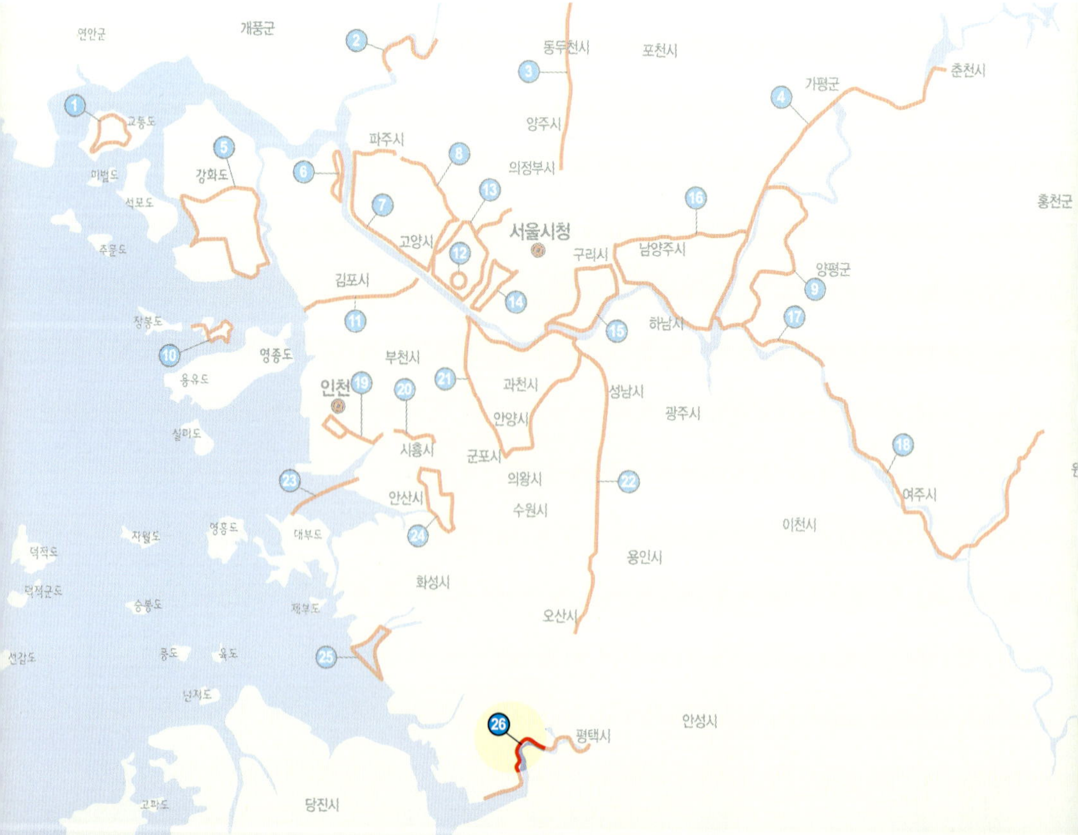

쉽게 갈 수 있는 넓은 들판과 호수가 그립다면 평택平澤이 정답이다. 평택이라는 이름부터 광활한 평야와 풍요로운 농경지를 품고 있다. 열차로든 고속도로로든 서울을 벗어나 남쪽으로 가면 평택 즈음에 이르러서야 비로소 탁 트인 들판이 펼쳐지며, 풍경의 끝단을 막아서던 산줄기를 걷어낸다. 간혹 지평선도 느껴지는 드넓은 평야를 바라보면 도시의 폐쇄감에서 벗어나는 탈출감까지 맛볼 수 있다. 평택평야는 지름이 30km 정도 되어서 우리나라에서는 아주 넓은 들에 속한다.

소사벌素砂坪이라는 평택의 옛 이름도 '흰 모래 벌'이라는 뜻이니 평택은 역시 벌판이다. 지금은 전원도시가 아니라 복선전철의 개통으로 새로운 도약을 꿈꾸고 있다. 북쪽에 있던 미군기지가 대부분 옮겨와 글로벌 이미지도 키워가고 있다. 평택기지에는 주한미군 전체 병력의 3/4 정도인 2만 8천 명이 2016년까지 옮겨오니 국제화와 안보에서도 평택이라는 이름은 무게감이 느껴진다. 이제 자전거의 두 바퀴로 지평선까지 보여주는 저 너른 들판 속으로 들어간다. 들판 저편에는 호수가 있고, 바다도 기어이 반겨줄 것이다.

평택역을
다시 보다

　　　　　새로 지은 평택역은 도시 규모에 걸맞지 않을 정도로 거대하다. 전철은 대략 15분 간격으로 운행해서 서울 변두리 같은 느낌도 든다. 급행을 타면 서울역까지 64분만에 주파하니 출퇴근도 어렵지 않다.

　평택역에서 자전거에 올라 길을 나선다. 서부역(2번 출구) 쪽으로 나와 역 앞 직선로를 끝까지 가서 왼쪽으로 꺾으면 곧 안성천이다. 군문교를 건너 남쪽 둔치길로 들어서니 시멘트로 포장된 하얀 길이 갈대밭 사이로 아득하다. 3.5km 가면 북쪽에서 진위천이 합류한다. 팽성대교를 건너기 직전 근처 빌라에 성조기가 나부끼고 있다. 팽성읍 도두리 일대에 들어선 미군기지에 근무하는 군인이 사는 모양이다. 그

124

갈대와 들꽃에 묻혀 숨이 막힐 것만 같다. 평택역에서 군문교를 건너면 안성천 둔치를 따라 자전
거길이 아득하게 흘러간다.

러고 보니 둑길에는 조깅하거나 자전거를 타는 미국인들이 흔하다.
이런 한적한 시골에 미국인이 많이 다니면서 평택의 이미지는 금세
이국풍으로 물드는 것만 같다.

팽성대교를 건너 북안을 달리면 거대한 교량과 도로 공사가 한창이
고, 강 건너 저편으로 착착 들어서고 있는 미군기지 모습이 드러난다.
새로운 도로가 나고, 철도도 연결하는 중이다. KTX 정차역도 검토되
고 있다고 하니 미군기지 덕분에 평택은 새로운 발전과 변화의 기회를

안성천이 크게 굽이치는 팽성대교 근처는 강 언덕이 높직하고 수초가 풍성해서 낚시꾼들이 즐겨 찾는다.

맞고 있는 셈이다. 한 주민은 미군 포병대대 하나가 이전했는데 식당을 포함해 100개의 일자리가 생겼다며 반겼다. 전봇대와 골목의 벽에는 미군을 대상으로 하는 숙소와 각종 영업장 홍보가 요란하다. 조만간 평택은 이태원을 능가하는 글로벌 도시가 될 것 같다. 어떤 일이든 명암明暗이 있기 마련이지만, 이왕이면 밝은 면을 좀더 보자.

아산호인가,
평택호인가

아무리 넓은 들이라도 100% 평지인 곳은 이 땅에서 극히 드물기에 결국 들판 끝에서 삭은 산줄기가 막아선다. 현덕면 신왕리의 고등산(132m)이다. 평야에서는 이 정도 높이로도 산체의 위용이 느껴진다.

고등산을 돌아서 서쪽으로 꺾어들면 이제는 누가 보아도 강이 아닌 거대한 호수가 펼쳐진다. 폭은 2.2km에 이르고 방조제까지는 6km를 훨씬 넘어서 상당한 규모감을 준다. 공식적으로는 아산호이지만 평택에서는 평택호라고 부른다. 이처럼 접경지의 지명이 지자체에 따라 달리 불리는 곳이 몇 군데 있는데, 충주호와 청풍호도 그런 경우다. 지역명을 넣어 명소 겸 관광자원으로 홍보하려는 고충은 이해가 가지만 제3자 입장에서는 뭐라고 불러야 할지 난감하다.

고등산을 지나면 곧 마안산(113m)이 가로막으면서 호반길이 끝난다. '평택호'를 일주하는 자전거길을 내겠다는 안내문이 붙어 있지만 어느 세월에 될지는 미지수다. 갓길이 없어 위험한 아산방조제에는 우회 교량이 생겼으나, 호수 남안에는 자전거길이 없는 구간이 많아서 완전한 호수 일주는 아직 부담스럽다.

농로를 따라 마안산을 돌아나가는 길은 나름대로 정취가 있다. 길 안내도 성의껏 잘 되어 있는 편이다. 마안산을 북쪽으로 돌아 작은 마을들을 거쳐가면 다시 들판이 나오고, 이정표를 따라 호반으로 남하하면 평택호예술관이 나온다. 여기서부터 아산방조제까지 1.6km 구간은 호반을 따라 공원과 식당, 쉼터가 즐비해 관광지 분위기를 풍긴다.

호반의 벤치에 앉아 망연히 경치를 보며 여정을 마무리한다. 왔던 길을 되돌아가야 하는 것이 조금 부담스럽지만, 같은 길이라도 시점이 다르니 또 다른 풍경을 보여줄 것이다. 그리고 머지않아 호수 일주 코스가 완성될 때 다시 올 기약도 남길 수 있다. 짧은 시간에 멀지 않은 거리로, 탁 트인 들판과 넓은 호수에 대한 갈증을 풀었으니, 과연 평택은 수도권의 또 다른 혜택이다.

● **코스**　　평택역 → 군문교(건너서 우회전. 1.5km) → 팽성대교(건너서 좌회전. 8.2km) → 창내리(10.4km) → 길음리(14.7km) → 아산만방조제(29km). 약 2시간 30분 소요.

- ● **여행 팁**

전철 1호선을 이용해 평택역으로 가서 라이딩을 시작하면 편하다. 다만 접이식 자전거 외에는 주말과 공휴일에만 휴대승차가 가능하다. 평택역에서 아산만방조제까지는 편도 29km 정도이고, 마안산 근처 외에는 고개가 아예 없으며, 이정표도 대체로 잘 되어 있어 길 찾기는 어렵지 않다. 왕복 4시간 30분 정도면 여유롭다. 노면이 나쁜 곳이 일부 있지만 로드바이크도 큰 어려움이 없다. 평택 시내를 벗어나면 아산방조제까지 식당이나 매점이 거의 없으므로 식수와 간식을 충분히 챙기는 것이 좋다.

- ● **추천 맛집**

파주옥 평택본점: 평택역 동부에 있으며 곰탕으로 유명하다. ▶ **위치**: 경기도 평택시 중앙2로 3 ▶ **문의**: 031-655-2446
노랑등대 휴게소: 인적 없는 자전거길 바로 옆에 있어서 반갑고 편하다. 팽성대교와 고등산 중간 지점으로, 국수와 커피를 팔고 매점을 겸한다. 2015년 말 공사중으로 2016년 3월에 영업을 재개한다. ▶ **위치**: 경기도 평택시 안중읍 삼정리 384-8 ▶ **문의**: 010-2316-1234

안 산 일 주

갈대숲과 거대공단,
도시와 들판의 조화경

안산은 대표적인 공업도시지만 공업단지와 주거지가 확연히 구분되어 있고, 시가지는 깨
끗하게 정비되어 대단히 세련되고 깔끔한 분위기다. 안산 시내는 화정천과 안산천이 남
북으로 흘러 시화호로 들어가는데 천변에는 자전거길이 잘 나 있다. 안산의 명소인 안산
갈대습지공원을 기점으로 화정천~안산천을 돌아오는 일주코스를 소개한다. 공업도시라
기보다 생태도시 같은 안산의 진면목을 재발견하는 여정이다.

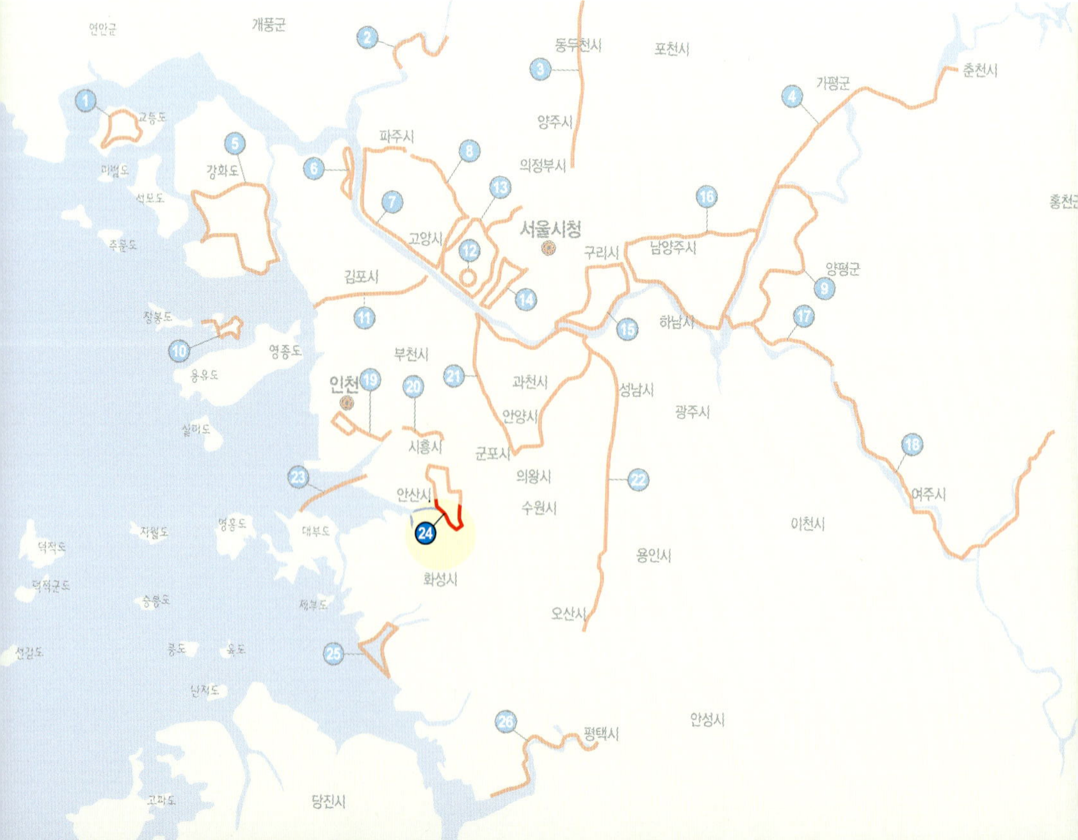

편견과 선입견을 깨는 것은 새로운 발견과 지식의 확장을 뜻하니 좋은 일이다. 안산은 실제로 가보면 도시 이미지가 확 바뀌는 드문 경우에 속한다. 한때는 썩어가는 시화호와 거대한 반월공단 때문에 삭막한 이미지였지만 지금은 깨끗한 생태도시 같다. 인구 75만 명의 대도시라고 느껴지지 않을 정도로 차분하고 안정적인 느낌마저 준다. 공업도시이기에 환경과 오염에 더욱 신경 쓰면서 오히려 더 맑은 도시가 된 것이다. 전국의 대표적인 공업도시들은 2000년대 이후 모두 그런 발전적인 변화를 겪었는데, 수도권에서는 안산이 가장 두드러진다.

안산을 상징하는 반월공단은 행정구역상으로는 시흥도 포함되지만 단일 공단으로는 전국적인 규모다. 폭은 3km이고, 길이는 11km에 달하며, 입주한 공장은 3,500개나 된다. 하지만 철저히 계획된 공단은 주거지와 완전히 분리되어 있고, 시가지도 잘 구획되어 있다. '편안한 산安山'이란 뜻의 지명처럼 도시 곳곳에는 푸근한 야산이 녹지를 드리우고, 화정천과 안산천 두 갈래의 물줄기가 건조한 도시를 촉촉히 적셔준다.

자전거도로도 많이 조성되어 있는데, 하천변은 물론 도로변에도 자전거길이 널찍하게 나 있어서 자전거 타기에도 최적이다. 여기서는 시화호 호반에서 시작해 화정천, 안산천 자전거길을 따라 시내를 돌아오는 일주코스를 소개한다. 갈대숲 무성한 호반길, 도심을 지나는 강변 둔치, 들판 길을 아우르는 다채롭고 아늑한 코스로 뜻밖의 매력을 숨긴 안산을 재발견할 수 있다.

갈대숲의 대향연!
안산갈대습지공원

안산 시내를 시계 방향으로 크게 돌아오는 코스여서 어디를 기점으로 잡아도 상관없지만 외지에서 간다면 출발지로는 안산갈대습지공원이 최적이다. 시화호 동쪽 끝에 자리한 습지는 온통 갈대밭이다. 꽃술이 실바람에 살랑이고 황혼녘의 여린 햇살에

갈대밭이 가장 매혹적인 찰나의 순간. 황혼녘, 게다가 만추라면 여린 햇살에 물든 갈대는 작은
실바람에도 사람의 심금마저 뒤흔든다. 겨우 매달린 마지막 잎새의 안색도 파리하다.

화사하게 빛나는 늦가을이나 초겨울이 가장 매혹적이다. 공원 내부로
는 자전거가 출입할 수 없지만, 갈대밭 사잇길을 걸어보지 않고는 못
배길 것이다.

자전거길은 공원 입구에서 출발해 자동차 경주장인 안산스피드웨
이 외곽을 돌아서 시화호 호반을 따라 이어진다. 안산천 합수점까지
호반도 여기저기 온통 갈대밭이다. 무성하게 자라난 갈대숲은 멀리
반월공단의 굴뚝이 하늘을 찌르는 살풍경마저 은근하게 배경 소품으
로 포용한다.

합수점에서 조금만 가면 인공적이긴 하지만 일산호수공원 못지않
은 규모와 분위기를 자랑하는 안산호수공원이 나온다. 특별한 시설
없이 호수와 숲, 산책로만으로 꾸민 것이 한결 자연스럽고 고급스럽
기까지 하다.

호수 바로 앞에서 화정천과 안산천이 합수하는데, 호수 맞은편의
다리를 건너 좌회전해서 먼저 화정천으로 간다. 약 300m 간격마다 있
는 다리는 하류쪽부터 화정16교, 화정15교 식으로 일련번호를 붙여
놓았다. 화정천은 폭 15m 정도여서 개울 수준이지만 둔치를 자연스
럽게 개발해서 인공적인 느낌이 덜하다.

화정11교를 지나면 전철 4호선 고잔역 옆이다. 전철을 이용해서 안
산으로 온다면 고잔역이나 안산천에서 가까운 중앙역에서 내리면 된
다. 고잔역을 지나면 곧 안산와스타디움이 보이고 물길은 더욱 줄어
들면서 조용한 주택가로 들어선다. 안산와스타디움을 기점으로 다리

이름은 다시 화정1교, 화정2교 식으로 올라가는데, 왜 이렇게 순서가 뒤죽박죽인지는 모르겠다.

자전거길은 화정8교에서 끝난다. 이제부터는 도로(순환로)로 올라서서 갓길을 따라가야 한다. 인도에는 자전거 보행자 겸용도로가 제법 널찍해서 불편이 없다. 다만 길이 점점 가팔라지면서 운전면허시험장~와동축구장을 따라 작은 고개를 넘어가야 한다. 고개를 넘으면 광덕고등학교가 나오고 조금 더 내려간 안산IC입구 사거리에서 안산천 자전거길을 만나게 된다. 화정8교에서 안산IC입구 사거리 간의 거리는 약 3.3km다.

안산천과
반월들판을 돌아

안산천은 화정천보다 조금 더 크고 둔치도 더 잘 가꿔져 있다. 개울 서쪽은 자전거길, 동쪽은 보행로로 아예 구분해 놓았는데 어차피 잘 지켜지기는 어려워 보인다.

물길은 안산의 중심지인 중앙역 부근을 거쳐가서 하류로 갈수록 도심 분위기가 짙어진다. 안산천 초입에서 3km 정도 가면 월피교와 전철 4호선 아래를 지나 안산10교에 이른다. 안산10교부터는 다리를 건너 도로변의 자전거길을 이용해야 한다. 안산은 철저한 계획도시답게

시가지 남단의 본오아파트를 지나면 반월들이 시원하게 펼쳐진다. 들길을 따라 맞은편 작은 숲 언덕을 거치면 안산갈대습지공원까지 로맨틱한 가로수길이 안내해준다.

시가지 중간을 동서로 가르는 폭 140m 정도의 녹지벨트를 두었는데, 이제부터는 이 녹지벨트를 따라간다고 생각하면 된다.

안산10교 쪽에서 시작된 녹지벨트는 시가지가 끝나는 용신3교까지 4.5km나 이어진다. 하지만 녹지는 한대앞역까지의 1km 구간에만 제대로 남아 있고, 이후는 수인선 전철 공사로 다 파헤쳐져 어수선하다. 그래도 자전거길은 제대로 남아 있다.

용신3교에서는 길을 건너 맞은편 본오 2차아파트 203동 옆의 숲길로 들어선다. 이 길은 안산시의 걷기 코스인 상록오색길의 '본오들판길' 출발점이기도 하다. 아파트단지 옆을 지나는 숲길은 200m 정도인데 라이딩이 힘들다면 자전거를 끌고 가면 된다. 숲을 벗어나면 들판이 탁 트이고 농로가 나온다. 오른쪽으로 해서 들판 맞은편에 보이는 야산을 향해 가면 된다.

들판을 통과하면 살짝 높은 매립지 위로 올라선다. 언덕 위 쉼터에서 왼쪽으로 가면 포플러 가로수가 운치 있게 늘어선 한적한 길이 안산갈대습지공원의 경계를 따라 쭉 이어진다(오른쪽은 쓰레기 매립장 방향이다). 길은 안산갈대습지공원 입구로 이어진다. 이 길은 잘 알려지지 않아서 주민들만 간혹 찾는데, 영화의 무대 같은 극적인 스산함과 고적함이 묻어나는 멋진 곳이다.

- **코스**   안산갈대습지공원 → 안산스피드웨이(0.8km) → 안산호수공원(4.3km, 화정천 방면) → 안산와스타디움(6.6km) → 화정8교(10.1km) → 안산운전면허시험장(11.1km) → 안산IC입구사거리(13.5km) → 안산10교(16.6km) → 용신3교(21.2km) → 안산갈대습지공원(24.2km). 약 2시간 30분 소요.

- **여행 팁**   자가용을 이용한다면 안산갈대습지공원에 주차하고 일주코스를 시작하면 된다. 서해안고속도로 매송IC에서 7km 거리다. 전철(4호선)은 주말과 공휴일에만 자전거를 적재할 수 있으며, 한대앞역·중앙역·고잔역이 코스와 가깝다. 그 중 화정천을 끼고 있는 고잔역에서 시작하는 것이 일주하기에 편하다. 이왕

안산까지 온 김에 더 달리고 싶다면 전철로 오이도역이나 소
래포구역으로 가서 시화방조제 코스나 소래포구~물왕저수지
또는 소래~송도 코스를 함께 돌아보면 하루 코스로 풍성하다.

● **추천 맛집**

토종한우: 한우전문집이지만 점심으로 김치찌개와 제육볶
음, 한우국밥을 내놓는다. 화정12교에서 동쪽으로 150m 지점
에 있다. ▶ **위치**: 경기도 안산시 단원구 광덕3로 97 ▶ **문의**:
031-486-5347

양푼왕갈비: 24시간 운영하며, 양푼에 맵게 끓여내는 갈비찜
으로 알려져 있다. 한대앞역 부근에 있다. ▶ **위치**: 경기도 안산
시 상록구 송호1길 5 ▶ **문의**: 031-406-7800

김 포 반 도 철 책 선 길

감탄과 탄식이 교차하는
접경지대

한강이 바다를 만나기 직전 대지와 최후의 작별을 고하는 곳이 김포반도 북단이다. 북한과 마주한 한강 최하류는 철책선이 철벽으로 서서 강바람마저 조바심 내며 드나든다. 철책선 옆에는 군 순찰로 겸 자전거길이 아득히 뻗어나 있다. 강 저편으로는 자유로가 북쪽으로 희망의 바람을 실어 나르고, 철책선 안쪽 들판에는 풍요의 곡식이 황금빛으로 익어간다.

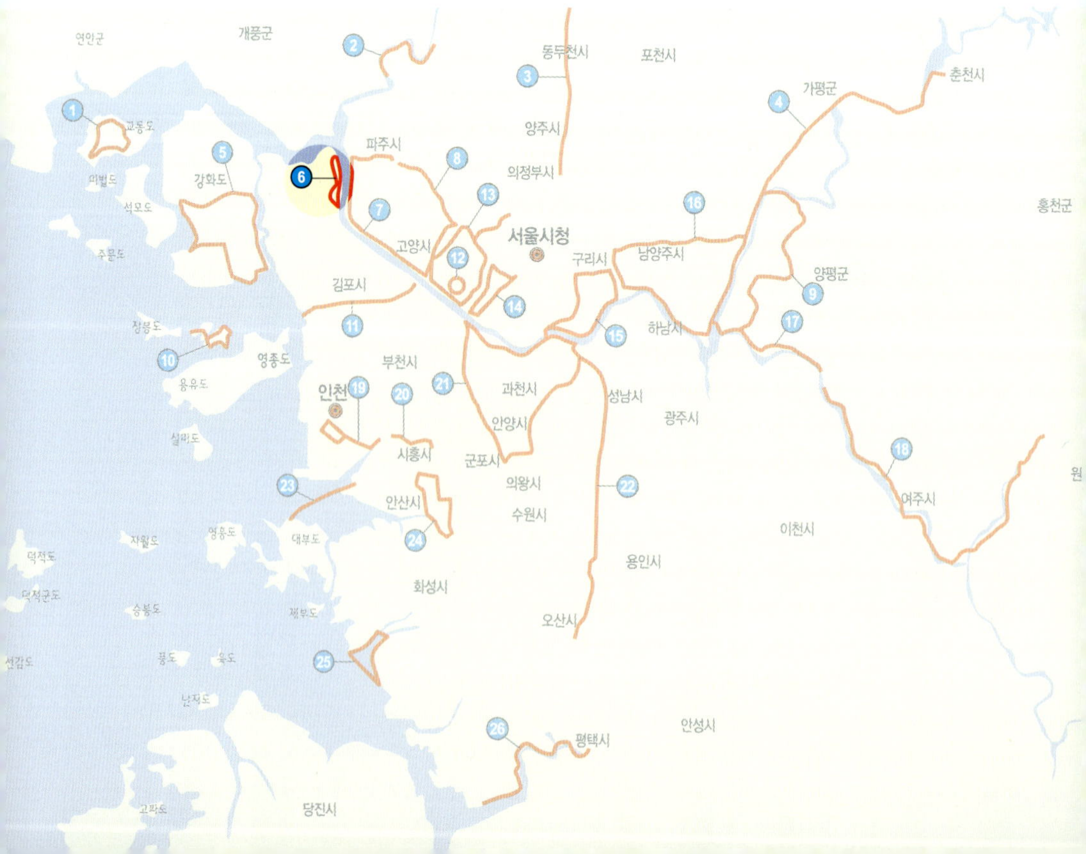

　　새로 개발된 신도시와 크고 작은 공장이 가득
한 김포는 서울 근교의 전원지대쯤으로 생각하기 쉽다. 하지만 김포
의 인문지리적 본질은 변경邊境이다. 우리 헌법상 북한은 나라로 인정
하지 않으므로 국경은 아니고, 경계와 경계가 만나는 일종의 접경接境
이라고 볼 수 있다.

　한강과 강화도 염하鹽河 사이에 북쪽으로 돌출한 반도를 이룬 김
포는 최북단에서 북한과 접경한다. 김포대교 이후의 한강변에는 철
책선이 강건한 성벽과 같이 물과 뭍을 단절시키고 있다. 이제 우리
가 갈 곳은 김포반도의 동북단, 한강이 임진강과 만나기 직전의 마
지막 들판지대다. 이번 여정의 기점은 영원히 열리지 않을 것 같은

철책선 너머로 조각배 몇 대만이 제한된 영역을 오가는, 이상하고 특별한 초미니 포구다. 한강 최북단 포구로 알려진 전류리포구가 바로 그곳이다.

한강 최북단 포구

전류리포구는 강폭이 1.5km에 달하던 한강이 갑자기 650m 정도로 좁아진 병목지대에 자리하고 있다. 포구 뒤편에는 김포평야 한가운데 독립봉으로 솟은 봉성산(129m)이, 강 건너에는 파주 심학산(194m)이 마주한 지점이다. 밀물 때는 바닷물이 밀려와 민물과 뒤섞이는 기수汽水 지역이어서 다양한 어종이 잡힌다. 군부대의 허가를 받은 27척의 배만 어업을 할 수 있고, 어부가 고기를 잡아오면 아낙은 포구에서 식당을 열어 요리한다. 봄에는 숭어와 홍복, 가을에는 새우와 참게, 겨울에는 숭어가 잡힌다.

포구에는 주차 공간이 어느 정도 마련되어 있고, 포구 앞 도로변부터 북쪽으로 자전거도로가 잘 나 있다. 길에는 경기도의 걷기 코스인 '평화누리길' 제3코스가 표시되어 있다. 제3코스는 전류리포구에서 북한전망대가 있는 애기봉 입구까지 15.1km인데, 우리는 코스의 반환점인 후평리까지 '평화누리길' 이정표를 따라가면 된다.

언제까지일지 기약도 없이 넘을 수 없는 철책이 내내 함께 달린다. 한강 최북단의 전류리포구에서 철책선 자전거길이 시작된다. 철책선의 격자를 통해 보는 풍경도 잘게 부서진다.

포구에서 250m 가면 삼거리 오른쪽으로 철책선 길이 시작된다. 바다를 낀 곳이라 김포반도 해안경계는 해병대 소관이다. 철책선은 끝도 없을 듯 장대하게 뻗어나 있고, 그 사이에는 초소와 군 막사 건물이 뜨문뜨문 자리하고 있다. 이런 곳을 출입해도 되나 싶을 정도로 최전방 분위기가 물씬하지만, 철책선과 함께 달려도 긴장감이 들기보다는 푸근함이 느껴진다. 넓은 들판이 주는 넉넉함과 평화로운 전원의 향기 덕분이다.

철책선을 따라 4km 정도 가면 석탄배수펌프장과 대형 초소가 나온다. 펌프장 뒤편은 꽤 넓은 저수지가 형성되어 있는데 평일에도 낚시꾼이 많다.

펌프장을 돌아나가면 둑 위에 철새 관측소를 겸한 작은 쉼터가 반겨준다. 북쪽으로 보이는 들판이 바로 후평리 철새도래지다. 저 멀리 개성 주변의 산들이 성큼 다가서고, 강 건너편에는 통일전망대가 가까이 있다. 북쪽으로 올라갈수록 초소 간 거리도 줄어들어서 200m 정도마다 보인다.

석탄배수펌프장 쉼터에서 철책선길은 계속 북으로 이어지지만 3km 더 올라간 삼거리에서 이정표를 따라 왼쪽으로 내려서야 한다. 더이상 민간인은 들어갈 수 없는 민통선 지역이다. 철책선을 벗어나 약 400m 가면 작은 수문이 있는 자전거 쉼터다. 민통선 경계이자 후평리 마을 입구이기도 하다.

귀로는
김포평야 종단

이제는 들판을 가로질러 전류리포구로 돌아가는 길이다. 후평리 쉼터에서 시작되는 수로를 따라 계속 남하하면 된다. 곧게 뻗은 수로 길은 마치 레일처럼 수로 좌우에 나란해서 완벽

가을의 김포평야는 특히나 농염한 황금빛을 발한다. 들판을 가로지르는 길가에 코스모스가 흐드
러지면 원색의 물결에 눈이 부신다.

한 직선 구간만 2.6km에 달한다. 수로에는 간간이 낚시꾼이 있으므로 안전에 유의한다.

수로가 끝나는 둑 아래에 철새 관측소가 나오고, 둑 위로 올라서면 앞서 지나온 철새 관측소 쉼터다. 석탄배수펌프장을 돌아나간 삼거리에서는 둑길로 우회전한다. 직진하면 앞서 왔던 철책선 길이다.

펌프장 삼거리에서 500m 정도 가면 왼쪽으로 둑을 내려서는 길이 나온다. 농로는 반쪽이 붉은색으로 칠해진 자전거도로 겸용 구간이다. 길은 들판 한가운데를 가로질러 잠시 철책선 아래로 붙었다가 다시 들판 속으로 파고든다. 펌프장 삼거리에서 3km 간 지점에는 낚시꾼들이 즐겨 찾는 작은 저수지와 허름한 매점이 한가롭게 있다. 매점에서 900m 가면 하성면 소재지로 이어지는 56번 도로와 만난다. 도로변에는 갓길 공간이 충분히 있다. 좌회전해서 900m 가면 출발지인 전류리포구에 도착한다.

- **코스** 전류리포구 → 철책선입구(0.25km) → 석탄배수펌프장 삼거리(4.0km) → 후평리 쉼터(민통선, 7.9km) → 석탄배수펌프장 삼거리(11.6km) → 56번 도로(15.5km) → 전류리포구(16.4km). 약 1시간 30분 소요.

- **여행 팁** 전철이나 버스 같은 대중교통이 마땅히 없어 자가용을 이용해야 한다. 전류리포구에 주차하고 코스를 돌아오면 된다. 서울 한강 남안의 88도로를 따라 서쪽으로 끝까지 가면 왕복 6차로로 시원하게 뚫린 김포한강로를 따라 강화와 하성면 방면으로

나뉘는 운양삼거리까지 쉽게 갈 수 있다. 행주대교 남단에서 자동차로 10분 소요되고, 운양삼거리에서 월곶·하성 방면으로 우회전해 4.3km 가면 전류리포구다. 무료 주차가 가능하다.

- ● **추천 맛집** **전류리포구**: 포구에는 횟집이 여러 곳 있는데, 어부들이 포구 앞에서 잡은 수산물을 맛볼 수 있다. 생선회, 대하구이, 장어구이, 매운탕 등을 공통으로 내놓는다. ▶ 위치: 경기도 김포시 하성면 전류리 54-4 ▶ 문의: 031-983-7751

  소쇄원: 전류리포구 건너편 산 아래에 있다. 간장게장으로 꽤 알려져 있다. ▶ **위치**: 경기도 김포시 하성면 금포로 1915번길 53 ▶ **문의**: 031-983-8801

  산촌녹차손두부: 전류리포구 맞은편 식당가에 있다. 두부전, 두부보쌈 등 두부정식이 맛나다. ▶ **위치**: 경기도 김포시 하성면 전류리 80-2 ▶ **문의**: 031-983-0665

경인 아라뱃길

한강과 서해를 잇는
국내 최초의 운하 코스

인천 앞바다와 한강을 연결하는 경인 아라뱃길은 국내 최초의 운하다. 한강 하류가 북한과 접경을 이루면서 한강을 통한 바다 진입이 불가능한 현실에서 아라뱃길은 곧장 인천 앞바다로 물길을 연결해 한강의 숨통을 틔워준다. 아라뱃길 양 옆에는 쾌적한 자전거도로와 곳곳에 공원이 조성되어 수도권 주민들의 새로운 휴식처로 인기가 높다.

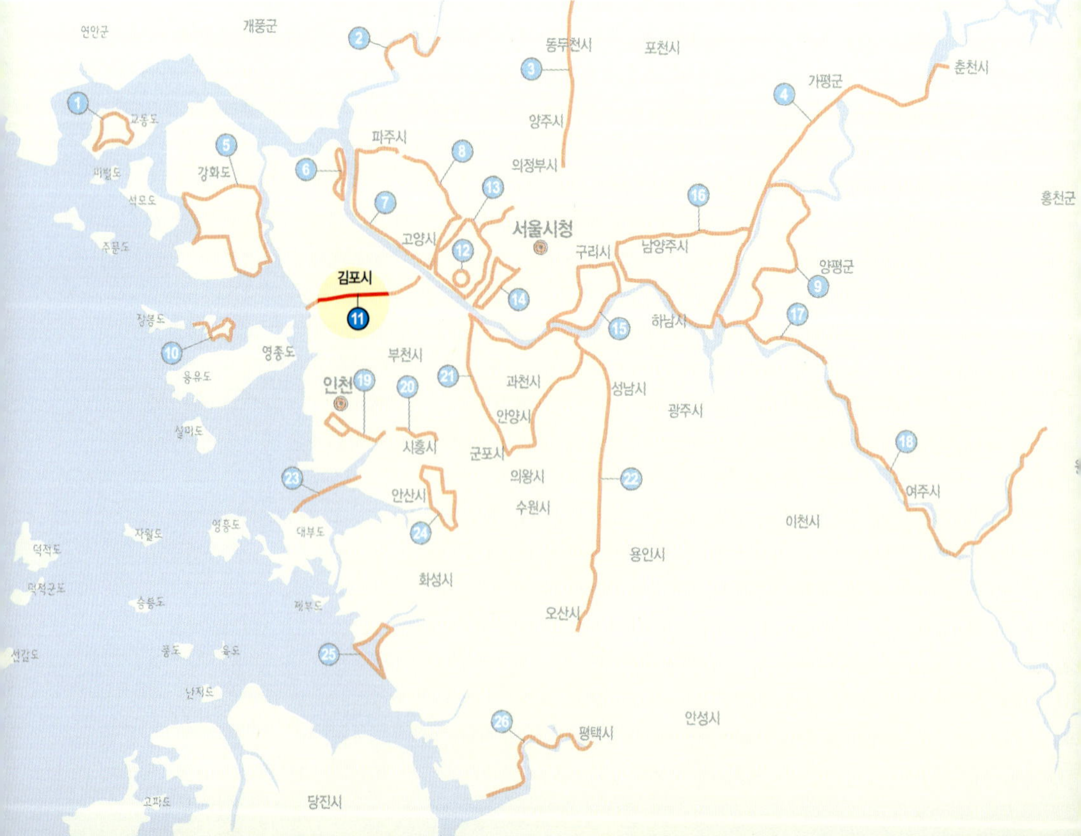

경인 아라뱃길은 국내 최초의 운하로 길이 18km, 폭 80m, 수심 6.3m의 인공 수로다. 아라뱃길 덕분에 서울이 항구가 되었다(2016년 초 현재 정기여객선은 없다). 추진 과정에서는 논란이 많았지만 아라뱃길은 원래 있던 굴포천 방수로(홍수 때 물을 바다로 빼내는 역할을 한다)를 좀더 확장해서 한강과 연결한 것으로, 아예 없던 물길은 아니다.

아라뱃길 자전거도로는 한강 자전거도로와 연결되어 있어 서울 시내에서도 자전거를 타고 서해까지 편안하게 갈 수 있다. 한강~낙동강을 거쳐 부산까지 이어지는 총 연장 633km의 국토종주 자전거길 시발점도 아라뱃길 인천터미널에 있다.

대격변의
현장

아라뱃길 서해 쪽 종점에는 인천터미널이 있고, 한강 쪽에는 김포터미널이 자리한다. 터미널은 물류단지와 항만을 겸하는 시설로, 인천터미널이 245만 3,000m²(약 74만 평), 김포터미널은 170만 1,000m²(약 51만 평)로 그 규모가 엄청나다. 현재 뱃길에는 주로 유람선과 요트만 오가지만, 기업들의 물류센터와 대형쇼핑센터가 들어서고 있어 수도권의 대표적인 물류 기지로 거듭나는 중이다.

인천터미널 북쪽에는 거대한 수도권 쓰레기매립장이 자리하고 있다. 이미 매립이 끝난 곳은 서울의 노을공원·하늘공원처럼 생태공원으로 조성중이어서 머지않아 아라뱃길의 새 명소가 될 것이다. 가장 동쪽에 자리한 초기의 매립지에 조성된 '드림파크'는 봄·가을 야생화축제 때만 개방하고 있으나, 앞으로는 아라뱃길의 랜드마크 공원이 될 것이다. 2014년 인천아시안게임 주경기장도 아라뱃길 백석교 남쪽인 서구 연희동에 있다.

아라서해갑문 주변은 낙조의 명소로 떠올랐다. 서울에서 정서쪽에 있다고 해서 정동진에 빗댄 '정서진正西津'이라는 별칭도 붙었다. 아라서해갑문 옆에는 높이 71m의 아라타워가 세워졌는데, 23층 전망대에 서면 서해 낙조와 아라갑문, 영종대교 등이 시원하게 내려다보인다(입장료 무료). 분위기 있는 전망카페는 연인들을 위한 최고의 무대다.

아라뱃길 서단의 서해갑문 옆에는 높이 71m의 아라타워가 치켜든 거북머리처럼 서해를 망연히
바라본다. 23층 전망대에서 보는 풍경은 노을이 질 때 특히 아름답다.

명소가 된 아라폭포와
아라마루

김포터미널에서 인천터미널까지 자전거길은 편도 19km이고, 도중에 뱃길 남쪽이나 북쪽으로 이동할 수 있는 다리가 여러 곳 있다. 아라뱃길 중간쯤의 북안에는 높이 45m, 폭 150m의 거대한 아라폭포(인공폭포)와 수면 위 50m 허공에 매달린 아찔한 전망대인 아라마루가 아라뱃길 최고의 명소로 인기를 모은다. 아라폭포는 주간에만 틈틈이 가동된다.

자전거도로는 전체가 평탄하고 보행로와 구분되어 있어 초보자도 편하게 달릴 수 있다. 남안에는 별도의 자동차도로가 나 있고, 곳곳에 주차장과 쉼터가 있어 마음 내키는 곳에 출발지를 잡아도 좋다. 김포터미널과 인천터미널, 계양대교 남단에서는 자전거를 빌릴 수도 있다. 전철을 이용한다면 인천공항철도 계양역이나 검암역에 내리면 아라뱃길과 바로 연결된다.

여기서는 김포터미널을 출발해 북안을 따라 인천터미널까지 갔다가 올 때는 남안을 이용해서 김포터미널로 돌아오는 왕복 코스를 소개한다.

아라뱃길 자전거길을 가면 계양산(395m)의 산줄기를 파내 물길을 만든 인간의 능력에 감탄하고, 이국적이고 세련된 풍경에 뿌듯해진다. 가을에는 계양산의 단풍도 멋지다.

전통누각을 복원한 수향루와 유람선, 자전거가 한 공간에 있을 때 아라뱃길은 특히 매혹적이다.

● **코스**　　김포터미널 → 귤현대교 → 계양대교 → 아라폭포 → 아라마루 (아래) → 시천교 → 드림파크(옆) → 청운교(건넘) → 인천터미널 → 봉수마당 → 시천가람터 → 두리생태공원 → 아라등대 → 하나교(건넘) → 김포터미널. 총 40km로 약 3시간 소요.

● **여행 팁**　　아라뱃길 김포터미널은 올림픽도로로 서진하다가 행주대교를 지나 전호대교를 넘은 직후 오른쪽 김포터미널 방면으로 빠지면 된다. 터미널 앞에 넓은 무료주차장이 있다. 자전거로 가려면 한강 남안의 자전거길을 따라 행주대교와 김포갑문을 지나

전호교를 넘어 아라뱃길 북안으로 넘어가면 된다. 아라뱃길 남쪽에는 아라파크웨이로 명명된 왕복 2차로 도로가 뱃길과 나란히 나 있어 자가용으로도 접근하기 쉽다. 전철은 인천공항철도 계양역과 검암역, 인천 1호선 계양역에 내리면 아라뱃길 남안으로 쉽게 갈 수 있다.

● **추천 맛집**

추오정 남원추어탕: 김포에서 인천으로 갈 때 남안 초입인 김포아라대교 근처에 있어 자전거 동호인들에게 인기가 많다. 추어탕 외에 옛날손두부, 돈까스도 판매한다. ▶ **위치**: 경기도 김포시 고촌읍 전호리 515-5 ▶ **문의**: 031-981-5155

특허손짜장마을: 풍차가 있는 시천교 북단에서 도로를 따라 500m 지점에 있다. 손짜장과 해물짬뽕으로 알려져 있다. ▶ **위치**: 인천시 서구 서곶로 658 ▶ **문의**: 032-561-1457

임진강 평화누리길 반구정~화석정

개성이 바로
선 너머 저곳인데

개성이 지척으로 보인다. 송악산이나 천마산 같은 개성의 명산들이 하늘 저편으로 선명하다. 임진강 하류를 따라 파주의 명승지 반구정에서 화석정 인근까지 이어지는 경기도의 트레킹 코스 '평화누리길' 제8코스는 거리가 13km에 지나지 않지만 철책선과 조용한 전원지대, 임진강 강변 풍광, 개성 주변의 산야, 반구정과 화석정 같은 조선조 거인들의 유적 등 대단히 다채로운 풍광을 보여준다. 강변길·들길·산길·비포장길로 길의 색깔도 다양하다.

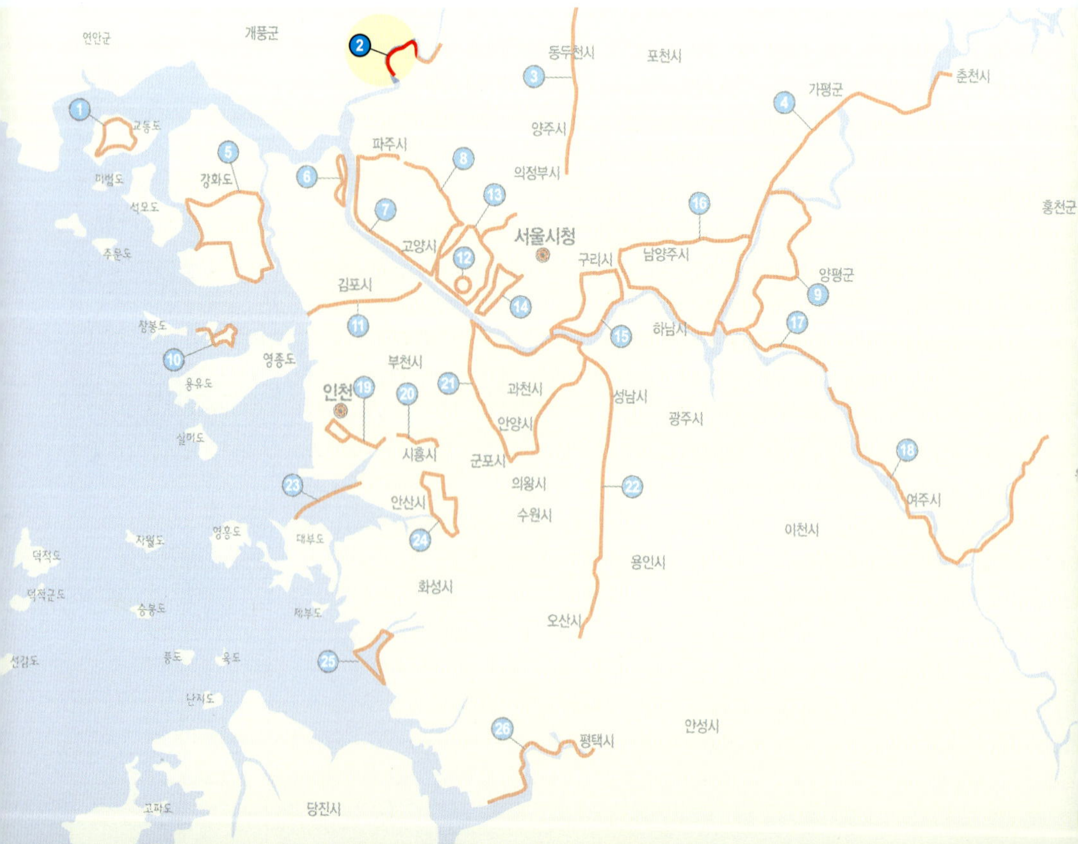

이 코스는 지금은 건너지 못하는 강, 그러나 언젠가는 건너야 할 강인 임진강을 따라간다. 강 건너 저편으로는 북녘의 산하가 그리움과 신음을 안고 통곡의 소리만큼 하늘 높이 부풀어 올랐다. 최전방에 깃든 긴장감은 살짝이라도 튕기면 고음으로 퍼져나갈 날카로운 선율을 품은 채 터질 듯 팽팽하다.

예로부터 임진강은 고구려·백제·신라의 국경이 되어 역사적인 격전지였다. 그리고 지금은 60년 이상 단절·분단·고통·그리움의 상징이 되었다. 그래서 임진강을 따라가는 여정은 희열보다는 고통과 고뇌가, 반가움보다는 그리움과 애절함이 앞서는 격정의 시간이다. 한국인이라면 누구도 이 길을 평상심으로 달릴 수는 없으리라.

길은 경기도의 트레킹 코스인 평화누리길 제8코스와 겹친다. 파주 한강변의 반구정에서 임진강변 화석정까지 이어지는 30리 길목이다. 두 정자에서 은거했던 황희와 이이는 조선을 대표하는 재상과 학자이니, 이 길은 한편으로는 조선의 시대정신을 구현한 두 인물의 족적을 따라가는 것이기도 하다.

반구정 갈매기는
길 잃은 지 오래

바다로 들어가기 직전의 드넓은 한강 하류, 그 강변 언덕에 있는 반구정伴鷗亭은 이름처럼 갈매기와 벗하고 싶어 날듯이 처마선을 뻗쳐 올리고 비상을 준비한다. 조선의 명재상 황희 (1363~1452)가 은둔한 곳이다. 지금은 철책선과 장어구이 냄새에 갇혀 갈매기는 발길을 끊은 지 오래고, 정자는 세월만을 머금어갈 뿐이다.

평화누리길 제8코스는 반구정 앞에서 시작된다. 자유로 아래 굴다리를 지나 좌회전하면 임진각 방면으로 자유로를 따라 자전거길을 겸한 좁은 길이 나 있다. 첫 번째 나타나는 작은 고갯마루에는 나무데크 전망대도 조성해놓았는데 조망이 시원하게 트이지는 않는다.

반구정에서 2.6km 가면 임진강역 바로 옆을 지나는 철길 건널목을 넘게 된다. 건널목을 지나 왼쪽으로 조금만 가면 임진각 관광지다. 임

이 코스의 백미는 단연 장산전망대다. 전망대에 서면 임진강의 하중도河中島인 초평도가 원시적인 풍경을 담은 채 질펀하고, 개성 일대의 산들도 아득하다.

진각을 들르지 않는다면 길을 건너 들판길로 곧장 직진한다. 평화누리길은 제주 올레길처럼 리본으로 길 표시가 잘 되어 있다.

마정리와 장산리의 작은 마을과 들판은 서울 근교답지 않게 조용하고 정겹다. 휴전선이 지척에 있다는 일말의 불안감 때문인지 화사한 전원주택도 드물어 조용하고 아늑한 시골 정취가 잘 남아 있다.

장산리를 지나면 길은 완만하고 나지막한 야산지대로 들어서게 된다. 골짜기를 메운 계단식 논도 가지런히 경지정리가 되어 있어 산뜻한 분위기를 풍긴다. 들판을 벗어나면 길은 갑자기 급경사를 이루면서 산으로 들어서는데, 이 코스의 백미 중 하나인 장산(107m)을 오르는 길이다.

초평도와 개성의
산들이 보인다

가파른 언덕길은 500m 정도 이어지다가 곧 평탄한 정상에 도착한다. 정상에는 헬기장이 있고 세 갈래 길을 이루는데, 왼쪽 비포장 길로 250m 가면 갑자기 눈앞이 탁 트인 전망대가 나온다. 임진강 내에 형성된 하중도河中島인 초평도와 개성 방면을 바라볼 수 있는 장산전망대다. 마주 보이는 산야는 온통 군사시설이어서 마치 최전방 GP에 오른 것만 같다.

전방이긴 하지만 이 평화로운 시대에도 여기서는 총성을 듣기가 어렵지 않다. 발밑으로 흐르는 임진강 저편은 민통선으로 골짜기마다 군부대가 자리하고 있어서 사격훈련이 수시로 있기 때문이다. 지름 1.5km 정도의 초평도는 DMZ 안은 아니지만 최전방 군사지역에 자리해서 분단 이후 사람 손길이 닿지 않아 자연 그대로의 식생을 잘 보존하고 있다. 완전히 평탄한 모래섬으로 키 작은 관목과 갈대가 광활한 초원을 이룬다.

율곡 이이가 은거한 화석정 부근의 길목. 하늘빛을 머금은 임진강이 언덕 아래로 도도하다.

초평도 뒤편으로는 기암괴석으로 화려하게 치장한 개성 천마산 (762m) 줄기가 하늘금을 그린다. 이 광경 하나만으로도 여기까지 힘들여 올 이유가 충분하지 않을까 싶다.

초보자나 로드바이크라면 여기서 출발지로 되돌아가는 것이 좋다. 장산전망대에서 화석정 방면은 비포장 돌길 내리막이 1km나 되어서 오갈 때 부담이 클 수 있기 때문이다. 돌아가는 길은 장산리에서부터는 마정리까지 앞서 왔던 길로 가지 말고 북쪽의 들판길로 가면 또 다른 경관을 만날 수 있다.

산악자전거라면 장산전망대 입구의 정상 삼거리에서 좌회전한다. 그러면 다소 경사가 심한 내리막 흙길이 나온다. 작은 저수지를 지나 파주~전곡 간 37번 국도 아래 삼거리에서 좌회전하면 임진리 마을이다. 옛날 임진강 나루터가 있던 곳으로, 임진왜란 당시 의주로 피난 가던 선조 일행이 밤을 만나 당황할 때 율곡 이이가 세워놓은 화석정을 불태워 주위를 밝혔다는 바로 그곳이다. 마을을 지나 37번 국도 아래를 통과해서 왼쪽 언덕 위로 올라가면 율곡이 노닐던 화석정이 임진강 너머로 북녘 땅을 보고 서 있다.

화석정에서 반구정으로 돌아가는 길은 두 가지다. 왔던 길을 그대로 되짚어 가는 방법과 37번 국도를 타고 단축코스로 가는 방법이다. 국도는 차량 통행이 적지 않지만 갓길이 있어서 도로 라이딩 경험이 많은 베테랑은 시간을 크게 줄일 수 있는 지름길이다. 국도를 따라 화석정에서 반구정 옆의 자유로 당동IC까지는 5km밖에 되지 않는다.

● **코스**　반구정 → 임진강역 건널목(2.6km) → 마정초등학교(3.6km) → 장산리(5.9km) → 장산전망대(8.5km) → 화석정(11.5km) → 반구정(23km). 약 2시간 30분 소요.

● **여행 팁**　반구정은 서울에서 자유로를 따라 임진각 방면으로 가는 길에 문산으로 빠지는 당동IC 바로 옆에 있다. 당동IC를 나와 첫 삼거리에서 좌회전하고 900m 가면 된다. 반구정 입구에 넓은 무료주차장이 있다. 반구정을 비롯한 황희 선생 유적지는 입장료 1천 원을 내야 들어갈 수 있다. 코스는 평화누리길 표지기를 따라가면 된다. 초보자는 장산전망대까지만 가는 것을 추천한다.

● **추천 맛집**　**반구정나루터**: 장어구이로 유명한 집으로 반구정 바로 옆에 위치해 있다. ▶ **위치**: 경기도 파주시 문산읍 반구정로85번길 13 ▶ **문의**: 031-952-3472

장단가든: 파주의 특산품인 장단콩으로 빚은 두부요리와 빠가참게매운탕이 유명하다. 화석정 직전의 임진리에 있다. ▶ **위치**: 경기도 파주시 문산읍 임진나루길 133-12 ▶ **문의**: 031-954-1559

수도권 서해안에는 수많은 섬 · 갯벌 · 들판 · 도시 · 공업단지가 뒤섞여 있어 부조화 같지만 한편으로는 자연과 인공이 역동적으로 교차하는 현장이다. 최북단의 교동도는 철책선을 둘러친 채 북녘 땅을 마주하고, 장대한 시화방조제와 화성방조제는 바다를 막아 새로운 땅을 일궈내고 있다. 바다를 메워 만든 최첨단 송도신도시에서는 현대 문명의 엄청난 성과에 감동한다.

수도권 해안 코스 6선

- 강화도 남부 일주
- 강화 교동도
- 옹진 신시모도
- 소래포구~송도국제도시
- 시화방조제
- 화성호 일주

장구한 역사의 흔적과
대자연의 심포니

강화도는 조선과 고려 천 년의 역사에 걸쳐 수도를 보위하는 군사기지였다. 지금도 일주 100km에 달하는 해안에는 약 2km마다 조선시대 군사시설인 보루가 세월을 버티고 있다. 역사와 자연, 문화를 앞세운 관광지로 인기가 높은 강화도는 군사보호지역인 북부와 남부 해안과 주요 도로변의 일부 구간을 제외하고 자전거길이 나 있어서 여유롭고 안전하게 매혹의 섬을 돌아볼 수 있다.

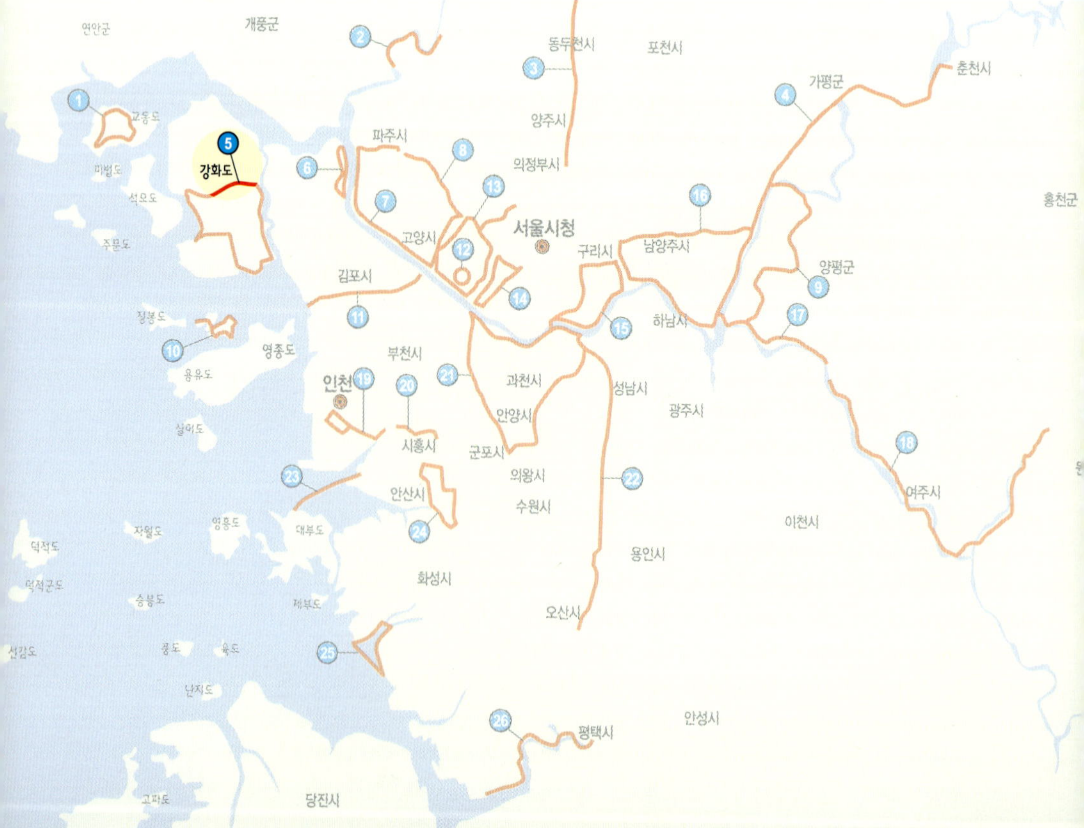

　　　　강화도는 우리나라 선 역사를 통틀어 집약시
킨 축소판이다. 경주·평양·개성·서울도 역동적인 역사의 무대였지
만 그곳들은 도읍일 때만 그랬다면, 강화도처럼 모든 시대에 걸쳐 역
사의 동맥이 소용돌이친 곳은 드물다.

　먼저 고대로 거슬러 올라가면 청동기시대 유물인 고인돌이 지천으
로 널려 있고, 단군이 하늘에 제사를 지냈다는 마니산 참성단과 단군
의 세 아들이 쌓았다는 삼랑산성이 전해 내려온다. 삼국시대 말의 풍
운아였던 연개소문이 강화도에서 태어나 힘을 길렀으며, 고려 때는
임시수도로 쓰였고, 조선시대에는 밀려드는 열강의 세력과 처음 부딪
힌 근대화의 접점이었다.

선사시대의 고인돌, 고조선시대의 참성단과 삼랑성, 고려시대의 항몽유적, 조선시대의 해안 돈대(포대)와 근세의 천주교 유적까지 강화도는 한국의 역사를 통틀어 시대별 문화유산으로 가득하다. 고조선에서 조선 말까지 5천 년 역사의 역동이 여기 한 섬에서 이루어졌다는 것은 실로 놀라운 일이다.

천 년간
수도권을 지킨 보루

특히 강화도는 고려와 조선에 걸쳐 천 년간 수도권을 지키는 최고의 군사기지였다. 고려의 수도 개경(개성)에서 20km, 한양(서울)에서는 40km 남짓한 가까운 거리에 있는 큰 섬이기 때문이다. 면적 규모는 제주도, 거제도, 진도 다음가는 국내 4위다.

육전陸戰이 대세이던 시대에 바다로 둘러싸인 섬은 천연요새였다. 조선 말까지만 해도 100km에 달하는 해변에는 약 2km마다 군사가 주둔한 보루가 있었다. 이런 강화도의 군사기지는 5진鎭, 7보堡, 8포대砲臺, 54돈대墩臺로 나뉘는데 진·보·포대·돈대는 차례로 기지의 규모를 나타내며, 지금도 대부분 그 흔적이 남아 있다. 때문에 해안도로를 따라가는 자전거 여행은 사실상 이런 보와 진을 징검다리처럼 하나씩 찾아가는 역사기행이기도 하다.

174

강화도는 한마디로 군사요새였다. 고려와 조선 1000년에 걸쳐 외세로부터 수도를 지키는 전략적 거점으로 100km에 달하는 해안선에는 약 2km마다 포대와 진지가 있었다. 사진은 그 중 규모가 가징 큰 광성보 입구의 안해루.

지금도 강화도는 거대 도시의 분주하고 삭막한 생활에 지친 수도권 주민들의 피난처다. 공장이 없어 자연이 깨끗하고 공기가 맑으며, 마을들은 서울의 바로 옆이라고 믿기지 않을 정도로 한적하고 시골 냄새가 진하게 풍긴다.

강화도는 유적과 유물이 넘쳐나는 역사의 섬이지만 자연도 다채롭다. 동쪽 김포와의 사이에는 마치 강물 같은 염하鹽河(이름 그대로 소금강)가 급한 해류로 흘러내리고, 남쪽과 서쪽으로는 먼 바다가 탁 트인다. 간만의 차가 커서 썰물 때면 폭 2~3km에 달하는 거대한 갯벌이 섬 전체를 에워싼다. 이 갯벌까지 땅으로 친다면 강화도의 면적은 거제도에 육박할 것이다.

무엇보다 강화도는 산이 예사롭지 않다. 높지는 않으나 기세가 옹골차고, 오랜 전설까지 스며 있어 신령스럽게 느껴진다. 속설에 마니산(469m)은 우리나라에서 기氣가 가장 센 곳으로 알려져 있고, 산 곳곳에 기의 세기를 나타내는 표시까지 해놓았다. 산정에는 단군이 하늘에 제사를 지냈다는 천제단이 남아 있는데, 여기서 바라보는 일망무제의 조망은 일품이다. 섬이라고 믿기지 않을 만큼 넓은 들판도 곳곳에 펼쳐져 있다.

반시계 방향으로
남부 일주

강화도 해안을 모두 일주하자면 그 길이가 100km에 달하는데, 해안 자전거도로는 절반 정도만 조성되었다. 여기서는 강화대교 옆에 자리한 갑곶돈대에서 출발해 남부 일대를 일주하는 코스를 소개한다. 내륙 횡단과 남부 해안의 일부 구간에는 자전거길이 없어서 도로나 농로를 이용해야 하지만 이런 구간은 얼마 되지 않는다.

갑곶돈대에는 강화도의 역사를 살펴볼 수 있는 강화역사관과 넓은 주차장·매점·화장실이 갖추어져 있다. 이제 염하를 따라 해안도로 옆에 난 자전거길을 따라 남하를 시작해보자. 자전거길은 차도와 연석으로 분리되어 있고 폭도 넓어서 안전하다.

왼쪽으로는 폭 1km 내외로 한강과 비슷해서 마치 강물 같은 염하鹽河가 흐르고, 오른쪽으로는 소담스러운 들판이 낮은 야산 사이를 메운다. 800m 내려가면 더리미 장어마을 직전에 선원사지 갈림길(신정리 삼거리)이 나온다. 선원사(선원사지)는 고려 때인 13세기 몽골의 침략을 불력佛力으로 막기 위해 팔만대장경을 판각한 곳이다. 갈림길에서 선원사까지는 거리가 2km 정도이고, 자전거도로는 따로 없다. 신정리 삼거리에서 다시 800m 가면 오른쪽으로 자전거길이 나 있는 대문고개 삼거리가 나온다. 자전거길을 따라 우회전해서 2.4km 가면 강화읍 남쪽의 84번 도로와 합류한다. 여기서 삼산 화도 방면으로 좌회전해서 1.8km 정도는 도로변의 허술한 인도를 이용해야 한다. 찬우물고개 정상에 도착하면 직진 방면으로 자전거길이 나 있다.

도로변에 성의껏 만든 자전거길은 예리한 첨봉으로 솟구친 혈구산(460m) 남쪽을 가로질러 석모도행 배가 출항하는 외포리까지 10km가량 이어진다.

절경의
외포~후포 해안도로

외포에서 남쪽 후포까지 이어지는 9km의 해안도로는 강화도는 물론 수도권 최고의 해안길이다. 2009년에야 길이 뚫렸으니 그 역사가 채 몇 년 되지 않지만 길 자체가 아름답다. 또한 길에서 보는 바다와 갯벌, 그림 같은 펜션과 카페, 아담한 크기의 포구 등 가장 세련되면서도 정취 있는 풍경도 매혹적이다. 이 길 하나만으로도 강화도 여행은 충분히 가치 있다고 해도 과언이 아니다.

해안도로가 끝나는 후포삼거리에 1km 못 미친 내리 삼거리에는 전망 좋은 쉼터가 있다. 쉼터 옆에는 나지막한 동산이 있는데, 동산 북단에 있는 작은 배수문 옆 농로로 들어서면 농수로 길이 길게 뻗어 있다. 이제부터는 이 농수로를 따라 들판을 가로지른다. 남쪽으로는 빼어난 자태와 기세로 하늘을 찌르는 마니산이 고고하고, 북쪽으로는 진강산(441m)이 둔중하게 마주섰다.

농수로길은 조금씩 방향을 바꾸기는 하지만 거의 직선으로 5.7km 정도 계속되다가 갈대가 무성한 작은 저수지(망실지)를 돌아 도로를 만나면서 끝난다. 하지만 도로 건너편에는 폭이 더 넓은 수로가 남쪽으로 길다랗다. 선두포 낚시터로 알려진 이 수로는 폭 70m에 길이가 1.7km로 수로라기보다는 저수지에 가깝다. 수로 양안에 농로가 반듯하게 나 있으며, 양쪽 길 중 서편(오른쪽)으로 가야 나중에 편하다. 수

남부는 농수로를 따라 들판을 가로지른다. 남쪽으로는 빼어난 자태와 기세로 하늘을 찌르는 마니산이 고고하고, 북쪽으로는 진강산(441m)이 둔중하게 마주섰다.

로는 길화교에서 해안도로와 만나면서 끝난다.

길화교를 건너간 삼거리에서 우회전한 뒤 일반 도로를 1.8km 가면 KT&G 강화수련관부터 도로변에 자전거길이 조성되어 있다. 해안도로는 선두리에서 길상산(336m)을 남으로 돌아 가천의대를 지난다. 택지돈대가 있는 선두리는 길상산 남쪽 언덕에 자리해 분위기가 화사하고 넓은 바다가 확 펼쳐지는 절경의 해안마을이다. 선두리 바닷가에는 싱싱한 횟감을 파는 횟집들과 펜션들이 즐비하다.

도대체 어디까지가 갯벌이고 바다인가. 황산도 남쪽에 펼쳐진 갯벌은 실로 일망무제다. 10km에 이르는 영종도와의 사이가 아예 갯벌로 변한다. 주민들이 옛날에는 바지만 걷고 건너다녔다는 말이 과장이 아닌가 보다.

이제 저 멀리 영종대교가 보이고, 썰물 때는 엄청난 갯벌이 드러나는 남쪽 바다와 만난다. 다시 길은 왼쪽으로 꺾이면서 염하로 접어들고, 강화도에 딸린 작은 섬인 황산도와 강화초지대교를 거쳐서 북상한다. 지금부터는 역사의 현장이 된 몇 곳의 유적을 지나게 된다. 강화초지대교 직후에 있는 초지진은 신미양요(1871년) 때 포탄을 맞은 흔적이 남은 소나무가 아직도 살아 있다. 그다음 나오는 덕진진도 병인양요(1866년)와 신미양요 때의 전투가 있었던 곳이다. 신미양요 때 파괴된 광성보도 그다음에 곧 나타난다.

광성보 이후에도 출발지인 갑곶돈대까지 오두돈대·화도돈대·용당돈대, 용진진 같은 염하를 지키던 보루가 줄줄이 있어 풍경의 깊이를 더해준다. 외포~후포 해안도로와 함께 광성보~갑곶돈대의 염하길은 강화도의 역사와 자연경관의 진수를 보여주는 쌍벽을 이룬다.

● **코스**　갑곶돈대 → 신정리 삼거리(0.8km) → 84번 도로 합류(4.1km) → 찬우물고개(5.9km) → 안양대학교 강화캠퍼스(8.6km) → 외포 사거리(15.5km) → 건평포구(19.1km) → 후포쉼터 직전 수로 초입(23.3km) → 망실저수지(29.1km) → 길화교 삼거리(31.1km) → KT&G 강화수련관(32.9km) → 택지돈대(34.2km) → 황산도 입구(40.3km) → 강화초지대교 삼거리(41.4km) → 초지진(42.0km) → 덕진진 입구(44.5km) → 광성보 입구(46.1km) → 오두돈대(48.7km) → 용진진(52.1km) → 더리미 장어거리(53.7km) → 갑곶돈대(55km). 약 5시간 소요.

● **여행 팁 수도권에서는 당일코스로 충분하다. 다만 전철이나 버스로 가기에는 불편해서 자가용을 이용하는 것이 편하다. 일부 도로 구간이 있지만 베테랑과 동행하면 초보자도 큰 무리가 없다. 외포~후포 해안도로에서 중간의 수로로 들어가는 길을 찾기가 조금 어려운데, 후포 쉼터(내리 삼거리) 직전의 야산 북단에 있는 작은 배수문 옆으로 들어서서 수로를 계속 따라가면 된다. 코스가 길지만 도중에 식당과 매점이 자주 있어서 불편하지 않다.

● **추천 맛집** **활어회**: 저렴하면서도 싱싱한 생선회는 초지대교 남쪽 황산도 어판장(조개구이도 가능)이나 가천의과대학교 맞은편에 있는 선두리 어판장이 좋다.

장어요리: 강화역사관에서 해안도로를 따라 1km가량 내려온 더리미에 장어 전문식당들이 밀집해 있다. 그 중 더리미집(032-932-0787)과 별미정(032-932-1371)이 유명하고, 장흥리의 장어마을(032-937-0592)이 잘 알려져 있다.

강화도짬뽕: 화도돈대 앞에 있으며 푸짐한 홍합짬뽕과 녹차 자장면이 맛나다. ▶ **위치**: 인천시 강화군 선원면 해안동로 817 ▶ **문의**: 032-932-2151

긴장과 감탄이 교차하는
변경의 섬

강화도 서북단에 자리한 교동도는 북한의 황해남도 연안군과 마주한 접경지역이다. 서울에서 멀지 않지만 군사보호지역으로 잊혀져 있다가 2014년 교동대교가 개통되면서 새로운 관광지로 떠오르고 있다. 북한 땅이 빤히 보이는 바닷가에는 그리움과 통곡에 지쳐 죽은 실향민들의 무덤이 늘어만 가고, 섬 가운데는 강화군에서 가장 넓은 평야와 저수지가 곡창을 이룬다. 드라이브 코스로도 좋고, 자전거 코스로도 훌륭하다.

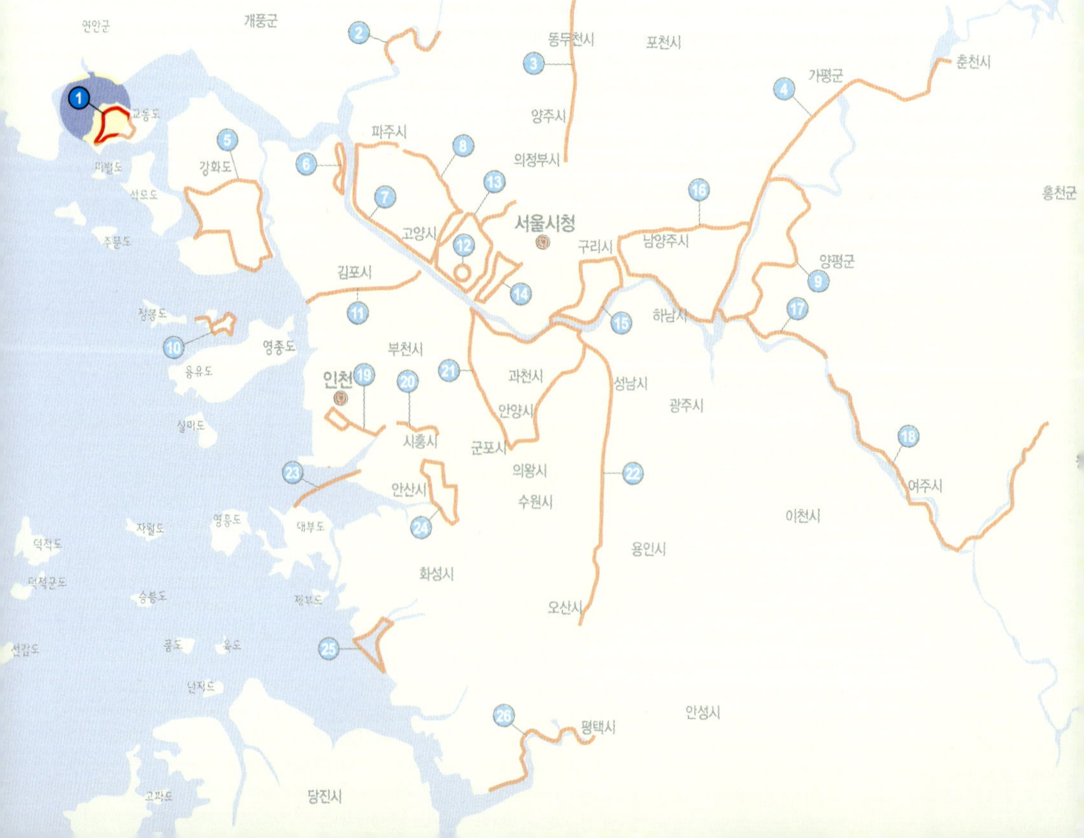

이 땅이 분단되지 않았다면 교동도는 강화도에 버금가는 역사의 섬으로 각광받았을 것이다. 북한과 너무 가깝다는 이유만으로 군사보호구역으로 묶인 교동도는 역사의 향기보다는 분단의 상처가 더욱 무겁게 느껴진다.

섬은 상당히 큰 편이다. 동서 12km, 남북 8km에 면적은 47.2km²로 서해 최북단의 백령도와 비슷하다. 강화도와는 겨우 1.5km 떨어져 있지만, 북한의 황해남도 연안군까지도 2km밖에 되지 않는 최전선에 위치해 있다. 2000년대 초반까지만 해도 교동도는 경계가 삼엄해서 일반인은 출입하기 쉽지 않은 금단의 섬이었다. 이제 수백 년에 걸친 폐쇄의 시대를 딛고 교동도가 기지개를 켜기 시작했다. 2014년 7월

강화도와 연결하는 교동대교가 개통되어 사실상 육지로 편입되었기 때문이다.

고려 때는
국제무역항이었던 섬

아직도 '교동도' 하면 "어디에 있는 섬이지?" 라며 고개를 갸웃거리는 사람이 많지만 고려·조선시대에는 수도와 직결되는 국제항으로 번성해 모르는 사람이 없었다. 외국배가 개성이나 서울로 가려면 반드시 거쳐야 하는 통로에 자리한 입지 때문이다. 고려와 조선에 걸쳐 활발한 무역항이었음을 증명하듯 지금도 중세 이전 중국 화폐가 출토된다. 섬에서 가장 높은 화개산(260m) 정상 일대에는 화개산성의 흔적이 남아 있고, 서쪽의 서한리에는 봉수대 터도 전해진다.

교동대교로 강화도와 연결되었지만 군사접경지대의 한계는 남아 있어서 외지인은 일몰 이전에만 출입할 수 있다. 이 때문에 여전히 교동도는 수도권의 '낙도' 이미지를 벗지 못하고 있다. 3.4km에 달하는 장대한 교동대교가 놓여 있어도 출입시간이 낮으로만 제한된 '진입장벽'이 단절감을 주는데, 막상 섬에 들어서면 낙후된 환경과 실향민들이 대부분인 늙은 주민들이 거주하는 모습은 수도권에서 아주 멀리

여기가 정말 작은 섬이 맞는가. 화개산 정상에서 바라본 교동평야는 감탄이 나올 만큼 광활하다. 6km나 되는 들판에서 좁은 농로는 아득히 소실점이 되고 만다. 바다 건너 북한 연안군이 아스라하다.

떨어진 곳처럼 생경스럽다. 남아 있는 유적과 유물도 진짜 섬이었을 때와 보존 상태가 별 차이가 없다.

번화했던 시절을 찾을 길 없는 교동읍성은 형편없이 허물어진 채 무심하게 방치되어 있고, 폭군의 대명사인 연산군이 유배생활을 하다가 비참하게 생을 마감한 집터도 점점 잡초에 묻혀간다. 한때의 영화가 영락했을 때 얼마나 보잘것없는지 통감하게 해주는 현장이기도 하다.

1970년대 풍 골목과
광활한 평야의 대비

　　　　면사무소가 있는 대룡리는 섬의 중심지다. 뒷
골목으로 들어서면 수십 년 전 옛날로 돌아간 듯, 정겹지만 한편으로
는 낙후된 대룡시장 풍경과 마주한다. 금이 간 담벼락에 위태하게 붙
은 이발관 표시, 구식 간판의 다방, 낡은 구멍가게 등 지금은 보기 힘
들어진 시골풍경이 남아 있다. 이제는 퇴락을 가려주는 화려한 벽화
와 갓 생긴 세련된 가게가 흘러간 세월과 어색한 동거를 시작하는 참
이다. 서울에서 자동차로 고작 1시간여 거리에 이런 곳이 있다니 반
갑기도 하고 놀랍기도 하다.

　대룡리에서 앞쪽으로는 강화군 전체에서 가장 넓은 교동평야가 광
활하게 펼쳐진다. 양갑리 방면으로 이어진 3km에 가까운 직선도로는
내륙의 평야지대를 방불케 한다. 퇴락한 교동읍성과 읍성 구석에 비
석 하나로만 남은 연산군 유배지에서 우울해진 마음은 교동평야의 장
쾌한 경관에서 일단 해소된다. 교동평야는 섬이라고는 상상이 어려울
정도로 거대하다.

　직선도로가 끝나는 지점의 구릉지 마을은 양갑리다. 마을 언덕에는
수령이 410년을 넘고 높이 35m, 둘레 9.3m의 거대한 느티나무가 뭔
지 모를 영기靈氣를 발산하며 우뚝 서 있다.

　양갑리를 거쳐 섬의 서쪽 끝으로 가면 난정저수지가 다시 눈을 번

쩍 뜨이게 한다. 둘레가 5km나 되는 난정저수지는 산간 골짜기를 이용하지 않고 평지에 사방으로 둑을 쌓아 만들어 체감 규모는 훨씬 더 넓다. 섬 동쪽에는 비슷한 크기의 고구저수지가 있는데, 화개산 북쪽 자락에 자리해서인지 규모감은 난정저수지 쪽이 훨씬 더 커보인다.

강이 없어 비에만 기댈 수밖에 없는 섬에서 난정저수지와 고구저수지는 풍부한 수원이 되어 너른 벌판을 넉넉하게 적셔주고, 방조제를 막아 갯벌을 간척한 들판은 강화군 최고의 곡창으로 해마다 풍년가를 부른다.

철책선에 가로막힌
망향대

교동평야와 난정저수지에서 탁 트였던 마음은 북쪽 해안으로 들어서면서 다시 움츠러든다. 철책선 너머로 보이는 척박한 북녘 땅은 보는 이의 마음마저 황폐화시킨다. 6·25 전쟁 전만 하더라도 썰물 때는 걸어서도 건너다녔다는 북한 땅은 헐벗은 나신을 드러낸 채 고통에 힘겨워하고, 땅과 사람이 토해내는 신음이 철책선을 넘어 폐부 깊숙이 파고든다.

섬 최북단의 지석리 뒷산에서는 북한 땅이 더욱 가까이 보인다. 산기슭에는 북쪽을 향한 작은 제단이 있는데, 실향민들이 고향을 바라

최전방에 자리한 교동도의 운명. 섬 전체가 군사지역인 교동도는 사실상 철책선으로 둘러싸여 있
다. 특히 북쪽 해안은 빈틈없이 철책선이 가로막지만 워낙 북한땅이 가까워 철책 사이로도 손에 잡
힐 듯 선명하다.

보는 곳이라고 해서 '망향대'라고 불린다. 망향대 주변은 이제는 거동 조차 불편할 정도로 나이 든 실향민들이 북녘 땅을 바라보며 그리워 하고, 생명이 다해 숨을 거둔 뒤에 묻히는 곳으로 변하고 있다. 낡은 마을과 텅 빈 들판, 섬뜩한 분위기를 풍기는 철책선 옆을 달리노라면 그리움에 사무친 실향민들의 얼마 남지 않은 여생과 시간적 다급함이 실감으로 전해져온다.

섬에서 가장 높은 화개산에 오르면 섬 전체는 물론 강화도와 북녘 땅이 훤히 드러난다. 화개산 남쪽 중턱에는 교동향교가 한때는 기개 높았던 꼿꼿한 선비정신의 저력을 추억하게 하고, 더 높은 산자락에 는 소박한 화개사가 숲 속의 고요에 잠겨 있다.

교동읍성 남쪽 해안에 있는 남산포는 아담한 크기의 포구로, 횟집 몇 곳만이 손님을 맞고 있다. 조선시대에는 이곳에 지금의 해군사령 부라고 할 수 있는 삼도수군통어영이 잠시 있었다고 한다. 함선이 정 박했던 계류석이 일부 남아 있기는 하지만, 포구의 규모가 워낙 작아 서 임진왜란 이후에도 조선의 군사적 대비가 얼마나 허술하고 미미했 는지를 보여준다.

● **코스**   교동면사무소 → 교동읍성(2.9km) → 남산포(4.6km) → 양갑
리 느티나무(10.2km) → 난정저수지(12.9km) → 지석리 망향대
(17.8km) → 철책선길(20.0km) → 고구저수지(23.8km) → 교동면
사무소(25.1km). 약 2시간 30분 소요.

● **여행 팁**

서울에서 강화도 가는 길은 김포한강로가 가장 편하다. 출발지는 주차공간이 있는 교동면사무소로 잡고, 이곳을 기점으로 교동평야 외곽을 시계 방향으로 일주한다고 생각하면 된다. 일부 구간은 길이 좁고 노면이 나쁘니 주의해야 한다. 망향대는 이정표가 없어 찾기가 어려운데, '지석리 266'을 찾아서 집 뒤쪽 산길로 100m가량 걸어가면 된다.

● **추천 맛집**

대풍식당: 섬의 중심지인 대룡리 대룡시장에 있다. 맛깔나는 냉면과 고기국밥을 내놓는다. KBS2 〈1박2일〉에도 등장해서 유명세를 탔다. ▶ **위치**: 인천시 강화군 교동면 대룡안길 54번길 24 ▶ **문의**: 032-932-4030

옹진 신시모도

인천공항철도 타고 가는 근교 섬 여행

인천광역시 옹진군 북도면의 신도·시도·모도는 인천국제공항이 있는 영종도와 강화도 사이의 좁은 바다에 길게 줄지어 있다. 세 섬은 서로 다리가 연결되어 있어 한 번에 돌아볼 수 있으며, 서울에서 가까워 수도권에서는 가장 손쉽게 찾을 수 있는 섬 여행지다.

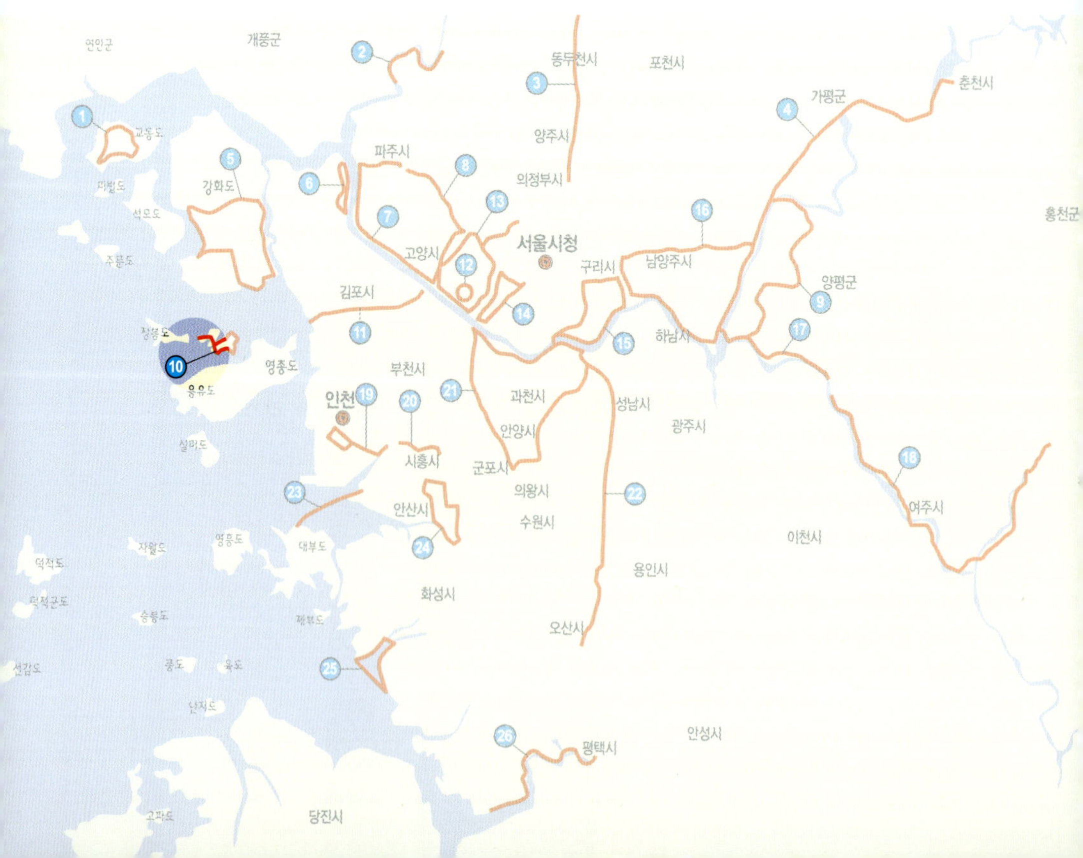

　　서로 다리가 연결되어 하나가 된 '신도·시도·모도'는 다 합쳐도 동서 6.3km, 면적 10.19km²로 작은 섬들이다. 그 중에서 신도信島가 면적 6.92km²로 가장 크고, 해안선 길이는 16km가량 된다. 신도는 영종도 북쪽에 있는 삼목선착장에서 겨우 2km 떨어져 있어 배로 10분이면 도착한다.

　시도矢島는 이름 그대로 '화살 섬'이라는 뜻이다. 옛날 강화도에서 군사훈련을 할 때 시도를 표적으로 활을 쏘았다는 것에서 유래한다. 강화도에서 쏜 화살이 시도에 꽂혔다는 뜻인데, 그렇다면 활의 사정거리가 5km나(!) 되었다는 엄청난 허풍이다. 모도로 넘어가는 길목에 이 전설을 사실처럼 알려주는 화살 모양의 기념탑까지 서 있다.

시도를 지나면 가장 작고 선착장에서 멀리 떨어진 모도茅島가 있다. 모도 끝자락에는 에로틱한 조각공원이 들어서 있다. 조각공원 바로 앞으로는 2분에 한 번 꼴로 인천공항을 뜨고 내리는 비행기가 하늘을 가른다.

즐비한
드라마 세트장

신시모도의 기점은 영종도에서 배가 도착하는 신도선착장이다. 선착장에서 조금 올라가면 제법 큰 마을이 나오고 신도 일주도로와 만나는데, 여기서 우회전해서 신도 일주를 시작한다. 오른쪽은 바다, 왼쪽은 구봉산 자락이 흘러내린다. 구봉산 동쪽 끝에서 길은 북쪽으로 꺾어지는데, 바닷가로는 대하 양식장이 펼쳐지고, 북쪽 언덕에는 드라마 〈연인〉(2006)의 세트장이 숨어 있다. 지금은 관리가 되지 않아 폐허처럼 방치된 상태다.

강화도가 훤히 보이는 북쪽 해안을 돌아 서쪽으로 나서면 시도로 넘어가는 다리(신시도 연도교)가 나온다. 시도 중심부의 시도리는 북도면에서 가장 큰 마을로 면사무소와 우체국, 보건지소 등이 모여 있다. 마을에서 수기해수욕장 방면으로 우회전해 1.8km 들어가면 드라마 〈풀하우스〉(2004)의 세트장이 있는 수기해수욕장이 강화도 방면

극적인 스토리의 주인공들이 떠나간 현장은 더욱 쓸쓸하다. 시도 북단의 수기해변 언덕에 있는 드라마 〈슬픈 연가〉 세트장. 근처에는 〈풀하우스〉 세트장도 있다.

으로 확 트여 있다. 해수욕장의 동쪽 언덕 위에는 드라마 〈슬픈 연가〉 (2005) 세트장이 하얀 맵시를 드러내고 있다.

수기해수욕장은 막다른 길이어서 다시 돌아나와야 한다. 되돌아가다가 시도리에서 우회전해 작은 고개를 넘으면 모도로 넘어가는 다리 (시모도 연도교)가 보인다. 다리에 도착하기 직전에 허풍스러운 전설을 유쾌하게 형상화한 화살 형태의 비석이 서 있다. 꼭 화살이 바닥에 꽂힌 모양이다.

'신시도'로 통칭되는 옹진군 북도면은 신도·시도·모도가 나란한 열도(列島)를 이룬다. 모도 남단의 배미꾸미 해변에는 이색적인 조각공원이 숨듯이 자리하고, 땅에 박힌 손가락은 부러운 듯 인천공항을 드나드는 비행기의 자유를 지목한다.

모도는 아주 작은 섬이다. 다리를 건너 아담한 들길을 1.3km 가면 모도의 남단에 자리한 강돌해수욕장(배미꾸미해변)이 보인다. 해수욕장 입구에는 에로틱한 조각공원(배미꾸미 조각공원)이 있는데, 상당히 노골적이어서 아이들과 함께 갈 때는 주의해야 할 것 같다.

이제는 신도선착장으로 다시 돌아가는 길이다. 신도로 넘어가는 다리 직전에서 오른쪽으로 작은 길이 갈라진다. 시도 남쪽에 숨어 있는 느진구지 해변으로 가는 길이다. 느진구지 해변은 주민들만 아는 숨겨진 비경으로, 200m 남짓한 백사장은 노을이 질 때 특히 아름답다. 느진구지 해변도 막다른 길이므로 되돌아나와 신도로 건너가 우회전하면 출발지인 신도선착장에 도착한다.

이렇게 세 섬을 일주해도 25km 남짓으로, 휴식시간을 포함해 4시간 정도면 충분하다. 작은 고개가 몇 개 있지만 초보자나 어린이도 무리 없이 완주할 수 있다.

- **코스** 신도선착장 → 〈연인〉 세트장(5.6km) → 신시도 연도교(9.1km) → 〈풀하우스〉 세트장(11.7km) → 시도 화살탑(14.6km) → 배미꾸미 조각공원(16.3km) → 느진구지 해변(20.8km) → 신도시도 연도교(22.1km) → 신도선착장(25.1km). 약 4시간 소요.

- **여행 팁** 인천국제공항 고속도로를 타고 영종대교를 건너 두 번째 IC인 공항입구IC로 빠져 해안도로를 따라 5km 가면 골프연습장 다음에 삼목선착장이 나온다. 선착장 주변에 무료주차장이 있다. 버스나 전철을 이용할 경우 공항신도시(운서역)에서 내려 선착

장까지 2km가량 자전거를 타고 가거나, 인천공항철도 운서
역 앞에서 201번, 307번 버스를 이용한다. 인천공항철도는 평
일·휴일에 관계없이 항상 자전거를 휴대하고 탈 수 있다.

배편: 세종해운과 한림해운 두 회사가 각각 배편을 운행한다.

세종해운: 삼목선착장에서 아침 7시 10분부터 저녁 6시 10분
까지 매시 10분에 출발한다. 신도에서 오는 마지막 배는 저녁
6시 30분이다. 10분 정도 소요되고, 편도요금은 2천 원(자전거
요즘 1천 원 별도)이다. 승용차 왕복요금은 2만 원이다. ▶ **문의**:
032-884-4155 ▶ **홈페이지**: www.sejonghaeun.com

한림해운: 오전 8시 40분부터 오후 8시 40분까지 2시간 간격
으로 있다. 신도에서의 마지막 배는 밤 9시 50분. 요금은 세종
해운과 같다. ▶ **문의**: 032-746-8020

● **숙박 & 맛집**　　**영화속풍경 펜션**: 수기해수욕장 가는 길목에 있으며, 영화를
테마로 해서 로맨틱한 분위기다. ▶ **위치**: 인천시 옹진군 북도
면 시도로86번길 167 ▶ **문의**: 032-752-4092 ▶ **홈페이지**:
www.viewpension.com

추장민박: 시도리에 있으며 마을이 가까워 편의시설을 이용하
기가 편하다. ▶ **위치**: 인천시 옹진군 북도면 시도로104번길
37-14 ▶ **문의**: 032-746-7848

진미 자연산활어회: 신도선착장에서 500m 들어가면 길가에
있다. 활어회와 칼국수, 낙지볶음 전문이다. ▶ **위치**: 인천시 옹
진군 북도면 신도로 76 ▶ **문의**: 032-751-6928

북도양조장: 허름하지만 오랜 전통을 가진 막걸리 집으로 토
속적인 막걸리 맛을 볼 수 있다. 시도리 수기해수욕장 갈림길
에 있다. ▶ **위치**: 인천시 옹진군 북도면 시도로 79 ▶ **문의**:
032-752-4020

소박한 전통포구와
최첨단 국제도시의 동시경험

서울 옆의 도시가 아니라 세계 속의 인천을 지향하는 격동과 격변의 현장이 바로 송도
국제도시다. 바다를 메워 순식간에 뚝딱 들어선 도시는 사막에 들어선 라스베가스의 한
국판이다. 철저한 계획 아래 건설된 도시는 자전거와 보행자에 대단히 친화적이다. 서민
적인 정취가 살아 있는 소래포구가 가까이 있어 첨단 신도시의 잿빛 몰인정을 중화시켜
준다.

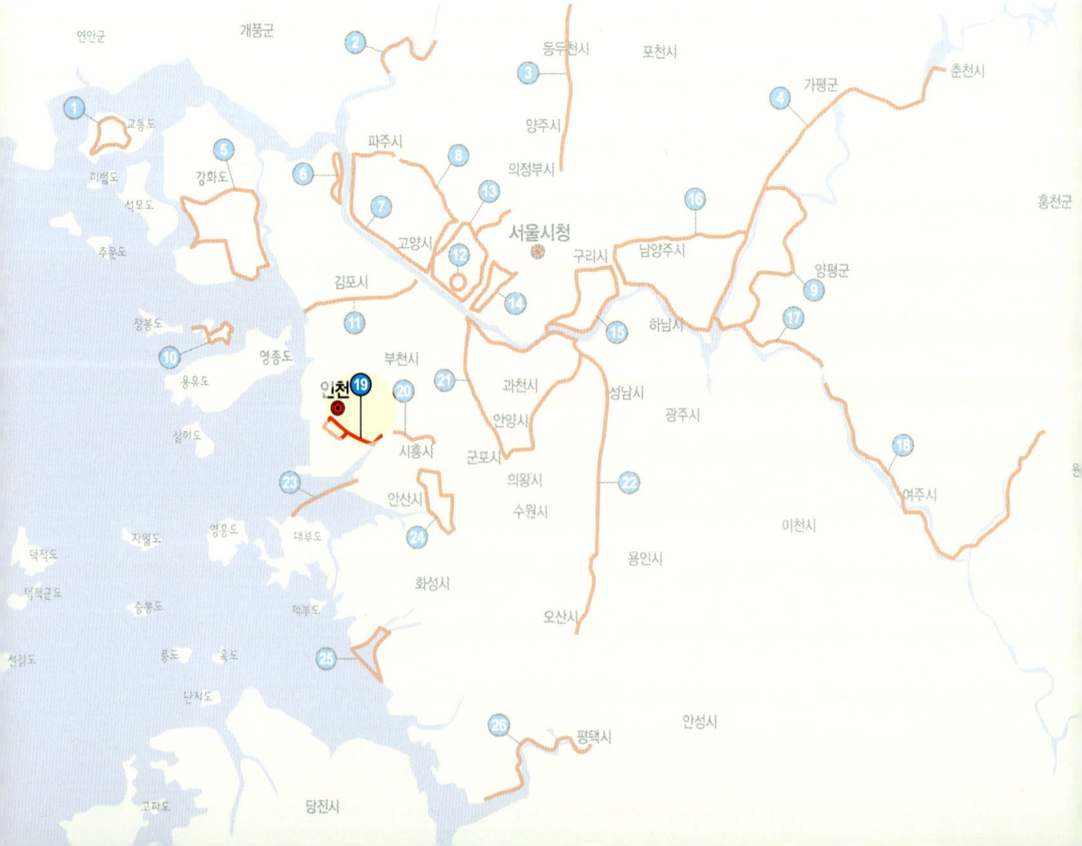

　　　　　인천이 일으키는 변화와 도약의 기세가 실로
거세다. 인구는 300만 명에 육박해 이미 대구를 넘어 국내 3대 도시가
되었고, 머지않아 부산까지 넘어설 것만 같다. 격변의 도시 인천을 상
징하는 곳은 단연 송도국제도시다.

　20년 전만 해도 아무것도 없던(1996년부터 매립 시작) 바다 위에 갑
자기 이렇게 엄청난 도시가 생길 수 있다니, 아무리 현대 기술이 대단
하고 한국인 성격이 급하다지만 놀랄 일이다. 송도국제도시는 현재
폭 3.7km, 길이 5km 정도지만 지금도 매립이 계속 진행되고 있어 수
년 내에 길이가 10km로 늘어날 것이다. 인구 역시 10만 명(2015년 기
준)에서 훨씬 더 많아질 것이다.

롯데월드타워(123층, 555m)가 완공되기 전까지는 국내 최고 높이의 빌딩이었던 동북아무역센터(지상 68층, 305m)가 시가지 중심에 당당히 서 있고, 그 주변에는 초고층 빌딩이 숲을 이룬다. 빌딩 사이에는 뉴욕의 센트럴파크에 비견할 만한 송도센트럴공원이 자리 잡고 있다.

소래포구에서 출발,
송도국제도시 일주

송도국제도시 한 곳만 제대로 돌아보려고 해도 몇 시간을 잡아야겠지만 근처에 있는 소래포구를 빼놓을 수 없다. 다행히 둘 사이에는 자전거길이 잘 나 있고 거리도 얼마 되지 않아서 첨단 신도시와 조금은 후줄근한 전통포구라는 극단적으로 대비되는 삶터를 경험하는 것도 흥미롭다. 여기서는 소래포구에서 출발해 송도국제도시를 돌아오는 여정을 소개한다.

소래포구는 여전히 시끌벅적하고 무질서하지만 생동감이 넘치는 전통포구다. 길이 300m 정도의 작은 포구는 주변이 고층 아파트로 포위되었어도 예전의 풍경과 분위기를 고스란히 유지하고 있다.

포구 남쪽에 자리하고 있는 수인선 전철 아래에는 소래포구 수변광장이 조성되어 있고, 넓은 공영주차장도 함께 있다. 자전거길은 여기

송도국제도시의 간선도로 변에는 산뜻한 자전거길이 시원하게 뚫려 있어 자전거만 있으면 어디
든 쉽게 갈 수 있다.

서부터 시작된다. 오른쪽은 고층 아파트촌이고, 왼쪽은 조수에 따라 바닷물이 들락거리는 갯골이 흐른다. 갯골 건너편에는 시흥시 월곶이 있다.

소래포구에서 2.5km 가면 길은 오른쪽(서쪽)으로 크게 꺾어지면서 넓은 바다로 나서고, 저편으로 송도국제도시의 고층빌딩들이 하늘을 찌른다. 널찍한 인도에 자전거길이 잘 나 있어 여정은 쾌적하고 안전하다. 4.5km 더 가면 인천신항 입구 삼거리다.

왼쪽 인천신항 방면으로는 자전거도로가 곧게 뻗어 있다. 이 길을 따라 인천신항을 거쳐 송도국제도시로 갈 수도 있지만 인천신항~송도국제도시 구간에는 자전거길이 없고 대형차들의 통행량이 많아 위험하다. 그대로 직진해서 1km 정도 가면 왼쪽으로 송도국제도시 진입로가 나온다. 도로변에는 별도의 자전거길이 반듯하게 잘 마련되어 있다.

송도국제도시에 가면 모든 간선도로에 자전거도로가 다 마련되어 있다고 생각하면 된다. 송도국제도시의 시가지는 바둑판처럼 블록으로 잘 구획되어 있어서 길 찾는 것도 쉽다. 도시 전체를 바둑판처럼 나눈 하나의 공원이라고 보고 자유롭게 누빈다고 생각해도 된다. 여기에서는 송도국제도시 내에 있는 공원 세 곳을 돌아오는 여정을 기준으로 삼았다.

센트럴공원의
놀라운 장관

송도국제도시로 들어서면 왜 '국제도시'라는 거창한 이름이 붙었는지를 실감하게 된다. 연세대학교 국제캠퍼스를 지나면 외국계 대학교가 여럿 나타나서 깜짝 놀란다. 뉴욕주립대학·유타대학·겐트대학·조지메이슨대학교의 한국캠퍼스가 한 자리에 모여 있고, 거리에는 외국인들이 흔하다. 송도국제도시가 갑자기 한국과는 동떨어진 별개의 세계로 느껴진다.

외국계 대학교 캠퍼스 방면으로 우회전해서 1.6km 직진하면 나오는 녹지대는 미추홀공원이다. 길이 1km 정도의 미추홀공원은 조붓한 산책로가 도심의 여유를 자아낸다. 일대에서 가장 높은 빌딩(동북아무역센터)을 향해 가면 송도국제도시의 최고 명소인 센트럴공원이 나온다. 센트럴이라는 이름은 뉴욕 맨해튼 한가운데 자리한 센트럴파크 Central park에서 따왔을 것이다. 센트럴파크는 미국 영화에 워낙 많이 등장해서 우리에게도 친숙하다. 고층 빌딩들 사이에 있는 넓은 숲은 언뜻 도시와 조화롭지 못한 것 같지만 잿빛 도시의 삭막함을 희석해주는 중화제가 된다. 송도센트럴공원도 뉴욕 센트럴파크와 똑같은 입지다.

뉴욕 센트럴파크보다 규모는 작고 숲도 울창하지는 않지만 센트럴공원은 현대적인 세련미를 넘어 은은한 격조마저 풍긴다. 사방을

송도 센트럴공원은 이름과 입지, 분위기에서 뉴욕 센트럴파크를 빼닮았다. 현대적인 고층빌딩과
자연스러움을 최대한 살린 호수공원이 잘 어우러진다. 도심 공원으로는 전국 최고다.

둘러싼 초고층 빌딩도 첨단 설계된 독특한 디자인이어서 미래 도시
에 온 것 같은 느낌마저 준다. 산책로를 따라 공원을 한 바퀴 돌면 약
4km인데, 한 구비를 돌 때마다 새로운 도시 풍경이 맞아준다. 너무나
미래적인 풍경과 자주 마주치는 외국인 때문에 이곳이 정말 우리나라
가 맞는지 되짚어보게 된다.

센트럴공원을 돌아나와 송도컨벤시아를 지나면 이번에는 해돋이공
원이 있다. 작은 야산 같은 언덕과 호수, 울창한 숲길과 광장이 어우

러진 녹색공간이다. 해돋이공원을 지나 계속 직진하면 연세대학교 국제캠퍼스 다음 블록에서 앞서 지나온 자전거길을 만난다. 여기서 출발지인 소래포구까지는 7.2km로 왔던 길을 그대로 따라가면 된다.

미래적인 첨단 국제도시에서 30분만에 다시 만나는 소래포구는 구수한 된장 냄새로 느끼한 버터 기운을 쏙 빼준다.

- **● 코스** 소래포구 수변광장 → 인천신항 입구 삼거리(4.5km) → 외국계 대학 입구(7.9km) → 미추홀공원(9.5km) → 센트럴공원(11.1km) → 센트럴공원 일주(15.1km) → 해돋이공원(15.6km) → 연세대학교 입구(17.4km) → 송도국제도시 입구(고잔지하차도 위 외암사거리, 19.6km) → 소래포구(25.3km). 약 3시간 소요.

- **● 여행 팁** 소래포구는 전철 4호선이나 인천 지하철 1호선과 연계되는 수인선 전철로도 갈 수 있다(소래포구역). 수인선 전철은 주말과 공휴일에 자전거 승차가 가능하다. 자가용을 이용한다면 제3경인고속도로인 정왕IC에서 가깝다. 이 책에서 따로 소개한 소래포구~물왕저수지 코스도 소래포구 바로 옆의 소래습지 생태공원이 기점이기 때문에 한나절 시간을 내어 두 코스를 모두 돌아보는 것도 좋다.

- **● 추천 맛집** **장어이야기**: 횟집만 즐비한 소래포구에서 오랫동안 명맥을 잇고 있는 장어구이 전문점이다. 포구에서 내륙으로 500m 정도 들어간 지점에 있다. ▶ **위치**: 인천시 남동구 월곶중앙로46번길 11 ▶ **문의**: 032-446-3326

  소래조개구이: 소래포구에 횟집과 함께 가장 많은 식당이 조

개구이집이다. 조개구이와 칼국수의 조합이 잘 어우러진다. 포
구 뒤편 메인 도로변에 있다. ▶ **위치**: 인천시 남동구 장도로
79-70 ▶ **문의**: 032-425-7828

바다를 가르는 장대한 직선로 11km

장대한 직선이 바다를 가른다. 인공으로 만든 거대한 둑인 시화방조제는 길이가 무려 11.2km다. 방조제에 막힌 내륙의 바다는 졸지에 호수가 되었고, 호수 외곽은 차근차근 메워져 새로운 땅이 생겨나고 있다. 시화방조제에서 문득 우리에게 부족했던 광활한 스케일과 거칠 것 없는 개방감을 맛본다. 방조제 중간에는 국내 유일의 조력발전소가 들어섰으며, 전망대를 겸한 휴게소도 있다. 단조로운 직선이 수면처럼 평탄해도 왕복 여정은 지루할 틈이 없다.

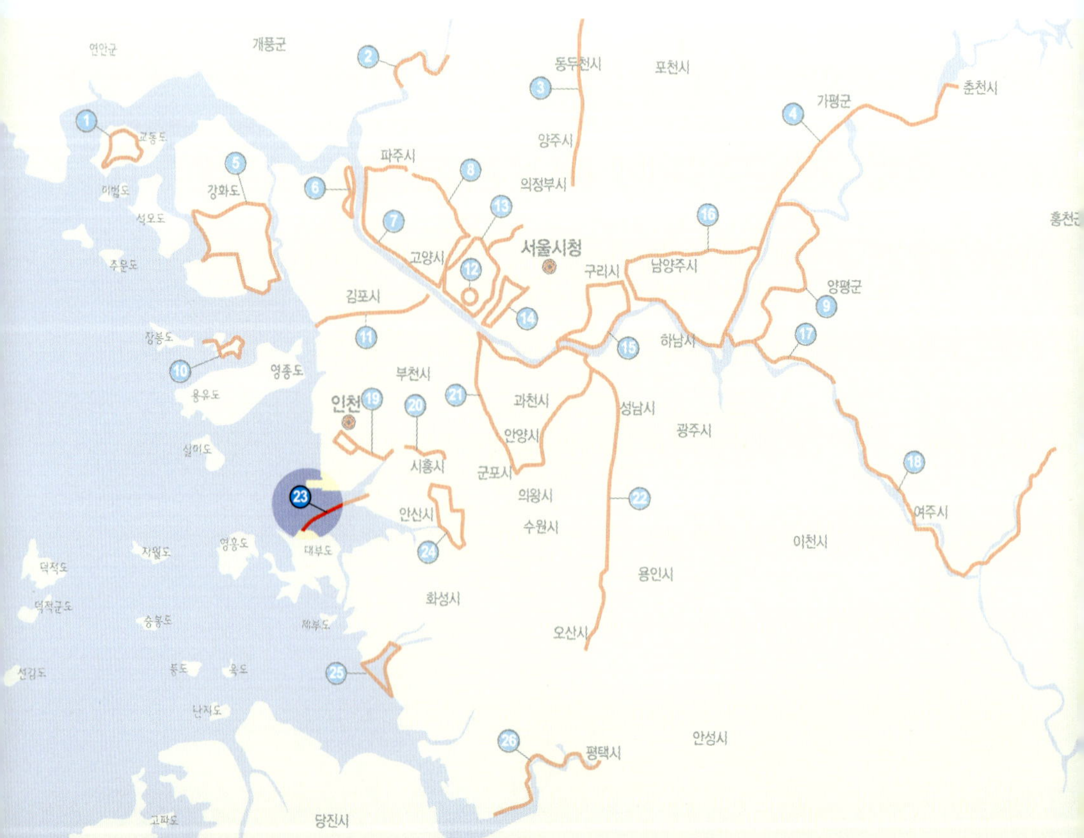

바다를 가르며 끝없을 듯 뻗어나는 직선의 둑길. 바다를 뚫고 달리는지, 바다 위를 달리는지, 호반길을 달리는지 애매한 이 장대한 길에서 쾌감은 눈과 전신을 거쳐 가슴을 훑는다. 인구가 많고 복잡한데다 면적까지 좁은 이 땅에서 이처럼 장대한 직선길은 더없이 희귀하고 소중하다. 그것도 서울에서 멀지 않은 곳에 자리해 쉽게 갈 수 있으며, 이 길을 한 번 달리는 것만으로도 비뚤어지고 갈피를 잃었던 마음조차 바로 잡힐 것만 같다.

시흥시 오이도와 안산시 대부도를 연결하는 시화방조제, 이 둑 덕분에 오이도와 옥구도 두 섬은 육지가 되었다. 그 아래 갯벌은 새로운 땅이 되어 3천 개가 넘는 공장이 들어선 국내 굴지의 공단으로 탈바

꿈해 우리를 먹여 살리고 있다. 방조제 완공 직후에는 고여 있던 시화호가 썩으면서 생태계 파괴 논란이 일었지만, 지금은 수질이 좋아져 휴일이면 밀려드는 관광객으로 교통체증이 생길 정도로 인기 높은 명소가 되었다.

'스케일 콤플렉스'가
해소된다

길이 11.2km의 시화방조제는 1994년 완공 당시 국내 최장의 방조제였다. 지금은 33km의 새만금방조제가 전국 최장은 물론 세계 최장의 방조제로 우뚝 서면서 시화방조제의 위상이 뒷전으로 밀려난 것이 사실이지만, 수도권에 자리한 입지 덕분에 존재감은 흐려지지 않았다. 시화방조제는 바다를 막아 여의도의 20배에 달하는 5,600만㎡(약 1,700만 평)의 인공호수를 만든 대역사다. 방조제가 완공된 후에는 호수의 상당 부분(대부분 갯벌)을 간척해서 공단이나 주거지로 활용하고 있고, 간척은 아직도 진행중이다.

좁은 국토에서 전쟁 말고 땅을 늘리는 방법은 간척뿐이다. 다행히 서해안은 간만의 차가 커서 갯벌을 메우는 간척이 비교적 쉽다. 우리의 힘으로 만들어낸 모세의 기적, 그리고 국토 확장을 실감하는 현장이다. 시화방조제 일대는 지금도 해마다 지도가 바뀌고 있다.

조력발전소 겸 시화나래휴게소가 있는 방조제 중간쯤에서 바라본 대부도 방면. 장대한 석축 방조제를 따라 낚시꾼들도 줄을 서서 세월이든, 바람이든, 추억이든 뭔가를 낚고 있다.

시화방조제에서 실질적인 것 외에 정서적으로 빼놓을 수 없는 미덕이 있다. 바로 엄청난 규모와 개방감이다. 스케일에 관해서 우리나라는 어쩔 수 없는 콤플렉스가 있다. 자연 환경이나 문화유산 중에서 규모 면으로 내세울 만한 것이 거의 없기 때문이다. 그러나 우리는 역사상 가장 강하고 잘 사는 나라를 일구어냈다. 그 국부를 바탕으로 엄청난 규모의 인공 풍경을 국토에 새긴 시발점이 바로 시화방조제라고 할 수 있다.

시화방조제는 일단 규모 면에서 세계에 자랑스럽게 내세울 수 있다. 길이가 11.2km나 되는 방조제는 지평선을 볼 수 없는 이 땅에서 그나마 지평선 비슷한 소실점과 수평선을 만나게 해준다. 여기서 맛보는 개방감과 해방감은 아마도 사람들의 '마음 스케일'마저 바꾸고 있을 것이다.

도로와 분리된
안전한 자전거도로

시화방조제 위에는 왕복 4차로의 시원한 도로가 뚫려 있고, 그 바깥쪽에는 넓은 자전거도로가 별도로 조성되어 있다. 한 번은 바닷길, 또 한 번은 호수길인 왕복 23km의 굉장히 평탄한 이 코스는 시화방조제가 자전거에게 주는 최고의 혜택이다.

시화방조제 안쪽인 시화호 방향에는 왕복 2차로 도로가 새로 건설중이다. 풍력발전기가 선 곳은
방조제의 남단인 대부도공원.

이제 북단에서 출발해 남단을 돌아오는 시화방조제 횡단에 나서보
자. 북단의 바다 쪽에는 갯벌체험광장·주차장·기념비·전망대 등을
갖춘 시화지구개발사업기념공원이 조성되어 있다. 여기서는 이곳을
기점으로 잡았다.

자전거길은 바다와 호수 쪽에 각각 만들어져 있는데, 호수 쪽은 차
도와 분리된 왕복 2차로지만, 바다 쪽은 좁은 둑 위에 산책로를 겸한
형태여서 낚시꾼과 불법주차 차량으로 중간중간 통과하기 불편한

곳이 있다. 그래도 라이딩에는 큰 무리가 없고, 이 장대한 둑길을 오가는 길이 모두 지루하지 않게 새로운 풍경을 보는 즐거움을 누리려면 갈 때는 바닷가, 올 때는 호숫가 길을 택하는 것이 좋다. 바다 저편으로는 송도국제도시의 하늘 높은 줄 모르고 높직이 솟아 있는 고층 빌딩숲이 내내 보인다. 가히 한국의 맨해튼이라고 해도 좋을 장관이다.

기념공원에서 3.4km 가면 바다로 돌출한 작은 선착장이 있고, 주변에는 고깃배들이 오순도순 모여 있다. 하지만 자전거길은 이동식매점으로 곳곳이 막혀 있고, 갓길은 주차된 차들로 가득해서 이 구간을 통과할 때는 특히 주의해야 한다. 부산하고 무질서해도 바닷가에 낚싯대를 드리운 모습에는 아늑한 정취가 흐른다.

세계 최대의
조력발전소

선착장에서 4km 더 가면 이번에는 거대한 갑문 형태의 시화조력발전소가 나온다. 인천 주변은 간만의 차가 최대 9m에 달해 세계 최대인데, 이때의 조수 흐름을 발전에 이용해 2011년부터 가동에 들어갔다. 발전능력은 조력발전소 중에서는 세계 최대로, 소양댐의 1.56배나 되고 인구 50만 명 도시의 전력을 공급할 수 있다니 놀랍다. 발전소 공사를 하면서 바로 옆에는 대규모의 나래휴게소(티라이트휴게소)와 달전망대까지 조성했다. 휴일에는 너무 많은 사람들이 찾아 인산인해를 이루어 복잡하다. 휴게소에서는 반대편으로 넘어갈 수 있어 이곳을 반환점으로 잡을 수 있는데, 이럴 경우 왕복 16km 정도가 되어 초보자나 노약자에게 알맞다.

방조제는 나래휴게소에서 3km가량 더 곧은 직선으로 이어진다. 방조제 끝은 삼거리를 이루며, 오른쪽으로 가면 덕적도·자월도·이작도(소이작도, 대이작도)·승봉도 같은 덕적군도의 섬으로 가는 배가 출항하는 방아머리항이 있다. 항구라고 하지만 방파제 끝에 조성된 소규모 선착장이다.

삼거리에서 좌회전해서 200m 가면 넓은 잔디밭과 화장실을 갖춘 대부도공원이 있다. 이곳 또는 근처에 있는 방아머리 먹거리타운을 반환점으로 잡으면 된다. 대부도공원은 잠시 쉬었다 가기에 좋고, 방아머리 해변에는 바닷가에 즐비한 식당에서 생선회나 조개구이 등을 맛볼 수 있다.

돌아가는 길에는 방조제의 동쪽(시화호쪽) 길을 이용한다. 승용차도 다닐 만한 널찍한 자전거길이 시원하게 뚫려 있다. 방조제 옆으로 호수를 가로지르는 거대한 철탑들의 도열도 장관이다. 높이 100m 정도의 철탑이 600m 간격으로 호수를 성큼성큼 건너고 있다.

● **코스** 시화지구개발사업기념공원 → 중간선착장(3.4km) → 시화조력
발전소(7.7km) → 방아머리선착장 입구(11.3km) → 대부도공원
(11.5km) → 방아머리 해변(11.9km) → 시화지구개발사업기념공
원(24.0km). 약 2시간 소요.

● **여행 팁** 방조제 초입이 영동고속도로 정왕IC에서 가까워 수도권 어디
서나 1~2시간이면 접근할 수 있다. 길이 평탄하고 공원화되
어 있지만 자전거 대여소가 없어 자전거를 가져가야 한다. 조
력발전소 옆의 나래휴게소나 방아머리 해변에서 식사와 휴식
을 해결한다.

● **추천 맛집** **3대째할머니네집**: 방아머리 해변의 먹거리타운에 있다. 손칼
국수와 조개구이 전문점이다. ▶ **위치**: 경기도 안산시 단원구
대부황금로 1492 ▶ **문의**: 032-886-4356
동원회조개구이: 생선회와 조개구이, 칼국수 등 다양한 메뉴를
내놓는다. 바다 조망도 일품. 방아머리 해변에 있다. ▶ **위치**:
경기도 안산시 단원구 대부황금로 1497 ▶ **문의**: 032-881-
8811

화 성 호   일 주

무인지경 호반길과
직선 바닷길의 이중경험

시화방조제 남쪽에 비슷한 규모로 건설된 화성(화옹)방조제는 완벽한 직선로가 9.8km나 된다. 방조제 때문에 생겨난 화성호는 아직 개발이 진행되지 않아 황무지 같은 갈대밭이 끝없이 펼쳐지고, 자전거길은 도시가 완전히 탈색된 무인지경을 꿈결처럼 흐른다. 낙조의 명소이자 분위기 있는 궁평항과 궁평리 해변을 끼고 있는 것도 매혹적이다.

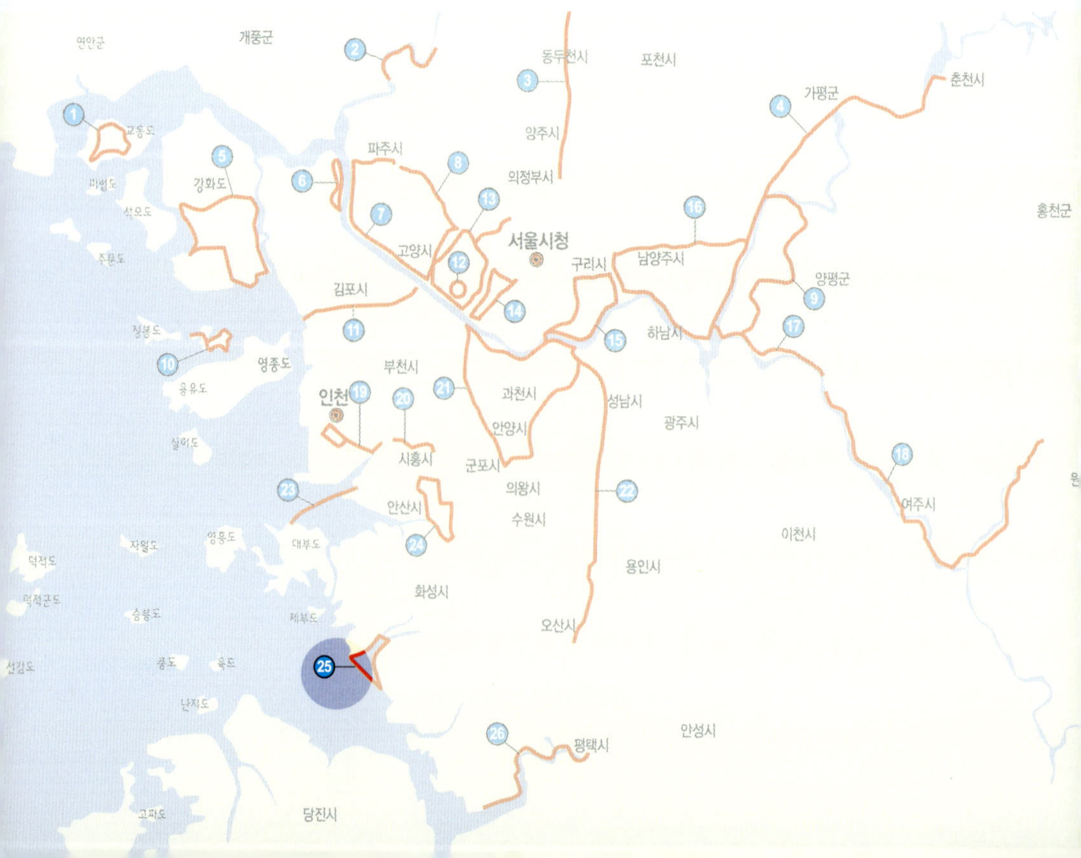

서해안에서는 바다가 곧잘 호수로 돌변한다. 어느 날 갑자기 장대한 둑이 바다를 가르면서 한쪽은 호수가 되고 한쪽은 바다가 되어 물의 운명이 뒤바뀐다. 그래서 둑 위에 서는 순간 혼란스럽기도 하다. 이건 해변길인가, 호반길인가? 시화방조제, 새만금방조제가 모두 그렇다.

화성방조제는 아직 생소하다. 2007년에 개통되었으니 완공된 지 얼마 안 되었다는 이유도 있을 것이다. 그만큼 사람들이 많이 찾지 않아서 한적한 분위기를 간직하고 있기도 하다. 도중에 작은 꺾임도 없이 완벽한 직선으로 10km에 달하는 화성방조제는 그 자체로 엄청난 규모감을 준다.

화성방조제는 다른 거대방조제들과 다른 특징이 하나 있다. 방조제를 쌓으면서 생겨난 호수인 화성호를 따라 멋진 호반길이 나 있는 것이다. 도로는 아직 개통되지 않았지만 길가에는 별도의 자전거길이 조성되어 있어서 춘천 의암호 못지않게 자전거에 친화적이다.

낙조 명소
궁평항에서 출발

화성방조제 북단에 자리한 궁평항은 수도권에서 가장 분위기 있는 포구 중 하나다. 장대한 방파제가 두 팔이 되어 포구를 살짝 끌어안고 있고, 포구 자체가 바다로 돌출해 있어 인공적이면서도 아늑하고 서정적인 정취마저 자아낸다. 횟집도 즐비한데, 사람들이 궁평항을 즐겨 찾는 이유는 식도락보다는 눈요기에 가깝다. 바다 깊숙이 뻗어나간 방파제는 이유 없이 발길을 끌어서 저 위에서 보이는 풍경을 보고 싶어 안달나게 만든다.

화성방조제와 화성호 일주 자전거 여행도 궁평항을 기점으로 잡는다. 곳곳에 주차공간이 많지만 궁평항 뒤편 공터의 남단에서 자전거길이 시작되어 자동차가 있다면 이곳에 두는 것이 편하다.

매향3리 선착장에는 700m가 넘는 방파제 겸 선착장이 길게 뻗어나 있다. 따개비가 더덕더덕 붙고 녹슨 닻에는 어부들의 땀과 눈물이 가득 묻어나는 것만 같다.

자전거길은 붉은 아스팔트로 잘 포장되어 있다. 포구를 벗어나 본격적인 호반길로 들어선다. 바로 옆으로 왕복 2차로가 나 있지만 일반차량은 진입금지다. 길 저편은 호수를 메운 간척지로 온통 갈대밭이다. 염분이 빠지고 지반이 안정화되면 거대한 공단이나 택지로 변할 것이다. 호반길은 간혹 운동 삼아 다니는 주민들 외에는 무인지경이다. '남양만'으로 불리던 바다가 호수로 변했으니 대단한 격변이다. 자전거길은 관리를 하지 않아 잡초가 길 안쪽까지 파고든 곳이 많다.

인공물은 사람 손이 닿지 않으면 순식간에 폐허로 돌진한다. 화성호 일주 자전거길에는 억새와 갈대, 잡초만이 무성하다. 미개통 도로라서 다행히 자동차는 거의 다니지 않는다.

궁평항에서 4.8km 가면 벤치와 팔각정 전망대가 있는 쉼터가 나온
다. 아직 아무도 앉지 않은 것 같은 시설은 페인트가 끈적끈적 묻어날
것만 같다. 6.8km 지점에서 자안교가 좁아진 호수를 가로지른다. 상
류 방면으로 5km 더 가면 화성시 마도면 마도산업단지로 이어진다.
마도까지 간다면 다시 되돌아 나와야 하므로 다리를 건넌다.

스산한 갈대밭과
화사한 함초밭의 대조

자안교를 건너 우회전하면 호수 안으로 뛰어
나온 반도지형을 돌아서 두 번째 다리인 우정2교와 만난다. 이 다리
를 건너서 다시 우회전한다. 다리를 건너지 않고 5km 정도 직진하면
현대기아자동차 남양기술연구소 근처로 이어진다. 우정2교부터 자전
거길은 잡초가 너무 많이 침범해서 라이딩이 어려울 정도다. 하는 수
없이 옆의 도로를 이용해야 한다.

궁평항에서 12.6km 지점에 세 번째 다리인 우정1교가 있는데 화
성호와 갯벌을 가장 광활하게 조망할 수 있는 곳이다. 화성방조제는
3km가량 저편에서 아득히 수평선을 막아서고 있고, 호수 전체 중에
1/3이나 되는 거대한 갯벌은 붉은 함초가 가득해서 비현실적으로 느
껴지기도 한다.

호반길이 끝나기 직전인 16km 지점의 내륙 쪽에는 습지공원이 조성중이다. 갈대밭 사이로 얕은 물길이 흐르고, 그 속에 아늑하게 녹아든 것만 같은 산책로가 동화처럼 구불거린다.

마침내 호반길은 끝나고 길은 17.8km가량 지나 화성방조제 허리춤에서 합류한다. 합류지점 맞은편에는 매향3리 선착장이 있다. 작은 쉼터와 매점, 화장실이 있는데, 갯벌 가운데로 길게 뻗어 있는 선착장 겸 방조제도 별격이다. 중간쯤에서 오른쪽으로 살짝 방향을 튼 방조제는 총 길이가 700m가 넘는다.

선착장에서 궁평항으로 돌아가는 길은 6km가 넘는 완벽한 직선으로, 길 양안에 자전거길이 조성되어 있다. 오른쪽 호반길은 양방향이 구분되어 안전하다면, 바다 쪽은 도로변 턱 위를 지나 조망이 좋은 반면 난간이 없어 조금 불안하다. 하지만 철조망 너머로 탁 트인 바다와 뺨을 스치는 해풍의 쾌감을 놓칠 수는 없다. 지금까지는 무인지경 호반길의 서정을 맛보았다면 이제는 바닷길의 쾌감을 느낄 차례다. 바다 저편으로 아득하게 보이는 거대한 굴뚝의 도열은 충남 당진의 현대제철이다.

궁평항에 돌아와서는 싱싱한 횟감을 맛보거나 방파제를 산책하며 차분하게 여정을 마무리한다.

● **코스**　궁평항 → 호반쉼터(3.4km) → 자안교(6.8km) → 우정2교(8.4km) → 우정1교(12.6km) → 습지공원(16.0km) → 매향3리 선착장(17.5km) → 선착장 부두(17.8km) → 궁평항(25.2km). 약 2시간 20분 소요.

● **여행 팁**

궁평항은 한때 교통이 불편했지만 서해안고속도로의 지선인 평택시흥고속도로가 생기면서부터 한결 편해졌다. 송산마도IC에서 15km 거리로 서울에서 1시간 정도면 도착한다. 화성호 일주 자전거길은 주변 도로가 개통되지 않아서 공식적으로는 출입을 금하고 있으므로 길을 벗어나지 말고 주의해서 지난다. 코스 안쪽에는 가게와 화장실이 없으므로 미리 대비한다.

● **추천 맛집**

코스 안쪽에는 매향3리 선착장의 작은 매점 외에는 가게와 식당이 아예 없다. 궁평항으로 돌아와서, 또는 출발하기 전에 식사를 해결한다. 횟집이 대부분이어서 생선회와 매운탕, 칼국수 정도로 메뉴가 한정된 것이 아쉽다. 노점에서는 햄버거를 팔기도 한다. 귀갓길의 송산면으로 나오면 식당이 많이 있다.

토박이우리밀칼국수: 마도송산IC 바로 옆에 있다. 국산 밀로 만든 바지락칼국수와 매생이칼국수, 보리밥 전문점이다. ▶ **위치**: 경기도 화성시 송산면 화성로 603 ▶ **문의**: 031-357-5693

단번에 50km가 넘는 장거리를 자전거로 여행할 수 있다면 이미 초보의 벽을 넘어섰다고 할 수 있다. 단순히 초보 딱지를 떼는 차원을 지나 두 다리의 힘만으로 다른 '지방'을 넘나드는 것은 정서적 · 육체적 성취감을 안겨준다. '그 먼 곳을 어떻게 자전거로 가지?'라는 편견은 공간 개념의 대확장과 함께 부질없이 깨지고, 앞으로도 갈 곳이 너무나 많다는 실감에 새로운 목표와 희망이 차오른다.

수도권 장거리 코스 4선

- 남양주 일주
- 양평~춘천
- 양평~원주 섬강길
- 양평 '투르 드 업힐'

왕숙천 · 폐철로 · 북한강,
한강의 종합세트

경춘선 폐철로가 자전거길로 거듭나면서 남양주 남부를 일주할 수 있는 코스가 생겨났다. 74km에 이르는 장거리여서 다양한 풍경을 만날 수 있다. 구리시와 경계를 이루는 왕숙천 자전거길, 폐철로를 이용한 경춘선길, 북한강길, 한강길까지…. 도시와 산간지대, 강변과 호반길을 모두 누리면서 서울 동쪽 근교의 속살을 만난다.

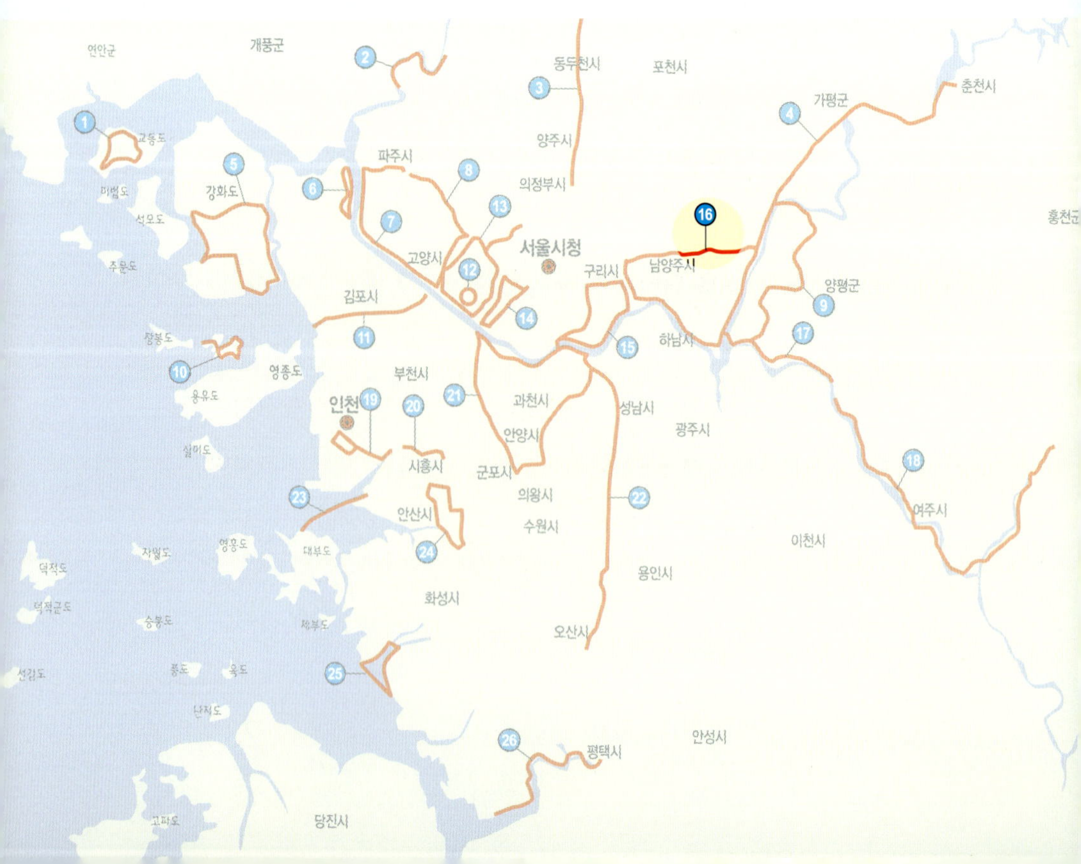

　　　　　서울 근교 중에서 이상하게도 존재감이 크게 느껴지지 않는 고장이 바로 남양주다. 이름과 위치부터 어딘가 명확하지 않다. 양주와 남양주로 구분된 행정구역에서 혼동이 시작된 것이 아닐까 짐작해 본다. 양주는 서울 북쪽에 있고, 남양주는 의정부를 사이에 두고 동쪽에 따로 위치해 있다.

　게다가 한때 같은 양주군이었다가 남양주로 분리된 것이 1980년으로, 그 기간이 얼마 되지 않는다. 1989년에 미금읍에서 시로 승격되며 남양주에서 분리되었던 미금시가 1995년에 다시 남양주로 합쳐지면서 통합 남양주시가 되었다. 15년이라는 짧은 기간에 행정구역의 변화가 극심했던 것이다.

크게 보아 남양주는 서쪽은 왕숙천, 내륙은 산간지대, 동쪽과 남쪽은 한강으로 경계를 이룬다. 서울 지척이면서도 인구가 적은 이유는 워낙 산이 많기 때문이다. 평지는 대부분 왕숙천 주변에만 형성되어 있다.

남양주 남부를 일주하는 자전거길은 왕숙천~경춘선 자전거길~북한강 자전거길~한강 자전거길을 경유한다. 도시와 산간, 강변과 호반을 아우르는 다채롭고 풍요로운 여정이다.

구리한강시민공원에서
시계 방향 일주

남양주 남부 일주지만 출발점은 서울이나 외지에서 접근하기에 편한 구리한강시민공원으로 잡는 것이 좋다. 넓은 주차장과 화장실, 쉼터가 잘 갖추어져 있기 때문이다.

왕숙천 자전거길은 구리한강시민공원 주차장에서 팔당 방면으로 2.7km 가면 보이는 수석교 다리 밑에서 시작된다. 조금 북상하다가 다리를 건너 오른쪽 길을 따라간다. 왕숙천을 경계로 왼쪽(서쪽)은 구리, 오른쪽이 남양주다. 개울 하나로 구리와 남양주로 나뉘지만 사실은 하나의 생활권이다. 왕숙천 왼쪽(서쪽) 길은 '가오리' 코스에서 지났으므로, 이번에는 남양주쪽인 오른쪽 길을 이용한다. 출발지에서

왕숙천을 따라 상류 방면으로 구리 시내를 벗어나면 진접과 사능(사릉) 방면으로 길이 나뉜다. 사능 경춘선 방면으로 직진한다.

7km 정도 가면 건너편으로 구리농수산물도매시장이 보이고, 시가지도 곧 끝난다.

구리한강공원에서 12km 가면 경춘선 전철을 지나 곧 사릉천 합수점이 나온다. 여기서 사릉천을 따라 우회전해서(직진하면 진접읍으로 이어짐) 하천을 따라 2.5km 가면 진건읍이다. 유천교를 건너 사릉천 천변길을 계속 따라가면 15.8km 지점에 경춘선 사릉역이 나온다. 여기부터 폐철로를 자전거길로 바꾼 구간이 시작된다.

자전거길은 사릉역 주차장을 가로지르며 동쪽(왼쪽)으로 나아가다
가 작은 고개를 넘으면 갑자기 산골풍경으로 돌변한다. 인적은 없고
경작지만 띄엄띄엄 있다. 하지만 이런 산골 분위기는 잠시, 곧 시가지
가 나타나면서 옛 금곡역이 나타난다. 역사는 교회로 탈바꿈했지만
역명은 그대로 붙어 있고 플랫폼의 이정표도 남아 있어서 시골역의
정취가 은근하다.

이제부터 길은 점점 가팔라진다. 이런 오르막을 열차가 다닐 수 있
었을까 궁금할 정도다. 이윽고 어룡터널이 나오면서 오르막길은 정점
을 찍는다.

북한강은
멀기도 하여라

어룡터널을 벗어나면 레일이 수십겹 중첩된
경춘선 평내차량기지가 산협을 가득 메운다. 길은 경춘선과 붙어가면
서 평내호평역에 이르는데, 철길 아래 굴다리를 지나 우회전하면 호
평 시가지를 벗어나면서 다시 오르막이 시작된다. 서울 근교의 명산
중 하나인 천마산(810m) 남쪽 줄기의 마치고개를 넘는 길이다. 길은
옛날 철도가 지나던 마치터널을 힘겹게 넘어간다. 마치터널은 길이가
643m로 전국의 자전거길 터널 중 가장 길다.

철도 터널을 자전거로 지나는 것은 정말 진귀한 경험이다. 폐철도를 활용한 경춘선 자전거길에는
어룡터널과 마치터널 두 개의 터널에 있다. 사진은 금곡역과 평내호평역 사이에 있는 어룡터널.

터널을 나서면 마치 다른 지방에 온 것처럼 풍경과 분위기가 새롭다. 고개를 넘은 보람으로 한참 동안 내리막이 반겨주고, 왼쪽으로는 천마산의 첨봉이 하늘 속을 만진다.

길은 대체로 경춘선 철로와 나란히 가면서 천마산역과 마석역을 거쳐간다. 마석역을 지나면 근교에서 흔히 볼 수 있는 공장지대를 지나 샛터삼거리에서 마침내 북한강 자전거길과 만난다. 산에 가려 강이 보이지 않아 잘못하면 춘천 방면으로 가기 쉬우니 주의해야 한다. 길 저편으로 공중전화박스 모양의 샛터삼거리 인증센터가 있고, 어탕국수로 알려진 식당이 마주 보인다. 여기서는 인증센터가 아니라 식당 쪽으로 우회전해야 한다. 식당을 지나 내리막길을 조금 가면 마침내 짙푸르고 도도한 북한강이 시야를 채운다.

이제부터 피아노폭포 입구까지 약 4km 구간은 자전거길이 도로변에 나 있고 플라스틱 기둥으로만 차도와 구분되어 있어 길가의 식당이나 마을에서 진출입하는 차량에 특히 조심해야 한다. 피아노폭포 입구를 지나면 도로와 연석으로 분리되거나 별도의 자전거길이 잘 나 있다. 인적 드문 강변길에서는 북한강의 남성적인 물길을 내내 감상할 수 있다.

이윽고 북한강철교가 나오면서 51.1km의 남한강 자전거길로 접어든다. 철교를 건너지 말고 서울 방면으로 직진하면 능내역(폐역), 팔당댐, 팔당대교를 거쳐 출발지인 구리한강시민공원에 도착한다.

- **코스**

구리한강시민공원 → 왕숙천 합수점(2.7km) → 구리농수산물 도매시장(7.1km) → 사릉천 합수점(12.3km) → 사릉역(15.8km) → 옛 금곡역(18.9km) → 어룡터널(20.3km) → 평내호평역(23.8km) → 마치터널(25.6km) → 마석역(30.5km) → 샛터삼거리(북한강길, 36.2km) → 피아노폭포 입구(40.2km) → 북한강철교(51.1km) → 능내역(54.9km) → 팔당대교(61.2km) → 수석고개(깔딱고개, 69.7km) → 구리한강시민공원(74.1km). 약 6시간 소요.

- **여행 팁**

코스가 길고 언덕길도 다수 있어서 하루 일정으로 잡아야 한다. 체력적으로도 초보자가 주파하기에는 다소 무리다. 순환코스여서 기점은 어디로 잡아도 상관없다. 전철 이용시 중앙선은 덕소역 · 팔당역 · 운길산역이 코스와 근접해 있고, 경춘선은 사릉역 · 금곡역 · 평내호평역 · 천마산역 · 마석역이 가깝다. 코스 주변에 식당이나 가게, 쉼터 등이 적당히 분포해 있다.

- **추천 맛집**

정승숯불생고기: 경춘선 자전거길이 지나는 진건읍 유천교 북단에 있다. 고기집이지만 가정식백반이 알차다. ▶ **위치**: 경기도 남양주시 진건읍 사릉로 447 ▶ **문의**: 031-573-5737

어가명가: 경춘선길이 북한강길과 만나는 샛터삼거리에 있어 자전거 여행자들이 많이 찾는다. 어죽칼국수가 맛나다. ▶ **위치**: 경기도 남양주시 화도읍 북한강로 1738 ▶ **문의**: 031-511-1193

죽여주는동치미국수: 운길산역에서 1.8km 못미친 북한강길 옆 45번 국도변에 있다. 시원한 동치미국수 전문점이다. ▶ **위치**: 경기도 남양주시 조안면 북한강로 547 ▶ **문의**: 031-576-4020

코스모스 향기에 두 바퀴도 슬금슬금 취해간다. 북한강 자전거길은 청평~가평 구간에서 강변을 벗어나 내륙의 전원풍경으로 깊숙이 스며들고, 봄가을에는 화사한 꽃길이 된다.

길은 자연경관과 함께 주변에 즐비한 명소도 매력적이다. 남한강과의 합수점인 두물머리와 팔당호, 두물머리를 내려다보는 고찰 수종사, 남양주종합촬영소, 높이 92m의 피아노폭포, 추억의 대성리와 청평·강촌 유원지, 구곡폭포, 남이섬, 자라섬, 그리고 의암댐과 호반의 도시 춘천까지 빼놓을 곳이 없다.

산악지대를 흐르는 북한강은 유속이 빨라 둔치가 잘 형성되지 않았기 때문에 자전거길은 주로 절벽이나 언덕 위를 지난다. 오르락내리

북한강은 가평~의암댐 구간이 특히 아름답다. 가파른 산악지대를 파고드는 푸른 물길을 따라 길도 언덕 높이 성큼 올라선다.

락 기복이 심한 반면 전망이 탁 트인다. 옛 중앙선 폐철도를 재활용한 남한강길처럼 북한강길 역시 경춘선 폐철도를 활용해 두 곳의 터널을 지나간다. 폐철도를 따라가느라 청평호는 내륙으로 우회한다.

빼어난 경관,
충분한 편의시설

다른 4대강 자전거길은 한적한 강변 둔치에 있어서 식당과 숙소, 화장실 등의 편의시설이 부족한 것이 문제가 되었는데, 북한강길은 정반대다. 강변에는 맛집과 숙박업소가 줄을 잇고, 화장실과 쉼터도 곳곳에 마련되어 있다.

북한강길은 대성리부터 춘천까지 나란히 달리는 경춘선 전철과 연계할 수 있다는 것이 더할 수 없는 장점이다. 코스의 출발점인 북한강 철교 바로 옆에는 운길산역(중앙선)이 있고, 체력이나 시간 사정에 따라 도중의 대성리·청평·가평·강촌·춘천 등 경춘선 역에서 전철을 이용할 수 있어 대단히 편리하다.

중앙선과 경춘선 전철은 평일에도 맨앞과 맨뒤 칸에 자전거를 실을 수 있고, 역사의 계단에는 자전거를 운반하기 쉽도록 바퀴 레일을 만들어놓았다. 갈 때는 자전거, 올 때는 전철을 이용하면(반대도 좋다) 당일 코스로 가도 시간이 여유롭다. 길 잃을 염려가 없고 편의시설이 잘 되어 있으며, 노면이 좋아 초보자도 당일 완주에 도전해볼 만하다.

북한강길을 따라 춘천에 도착했다면 호반의 도시 춘천의 상징인 의암호를 한 바퀴 도는 일주코스(26km)는 덤이다. 물안개가 춤추는 몽환적 비경을 연출할 때도 좋고, 맑은 날 능수버들이 하늘거리는 기나긴 둑길도 좋다.

의암호를 일주하지 않고 바로 춘천역이나 남춘천역으로 가려면 의암댐 직후에 있는 신연교 삼거리에서 우회전해서 다리를 건너 춘천 시내 방면으로 가야 한다. 가파른 절벽을 따라 나 있는 자전거길은 그 자체로 명소가 되어 관광객들도 많이 찾는다. 바닥을 내려다볼 수 있는 스카이워크는 춘천의 새로운 명물로 떠올랐다.

공지천교에서 호반을 따라 계속 가면 춘천역이고, 공지천 방면으로 우회전하면 남춘천역이다. 거리는 거의 비슷하다.

- **● 코스**　운길산역 → 피아노폭포 입구(10.1km) → 샛터삼거리 인증센터(14.2km) → 대성리유원지(17.5km) → 청평유원지(25.3km) → 상천역(30.8km) → 가평역(38.4km) → 백양리역(48.3km) → 옛 강촌역(52.7km) → 신연교 삼거리(의암댐, 57.7km) → 공지천교(65.7km) → 남춘천역(67.3km). 약 5시간 소요.

- **● 여행 팁**　오갈 때 한 번 전철을 활용하면 서울 기준 당일코스로 적당하다. 춘천까지 먼저 가서 돌아올 수도 있고, 그 반대도 가능하다. 다만 경춘선을 타면 북한강길 하류 초입(운길산역)이 아니라 대성리역에서 시작해야 한다. 북한강길을 처음부터 끝까지

완주하고 싶다면 중앙선을 타고 운길산역에서 시작하면 된다. 춘천에서 경춘선으로 돌아올 경우, 대성리역에서 내리면 운길산역까지 17km 정도 라이딩을 해야 한다.

용산~춘천 간을 운행하는 경춘선 준고속(최고시속 180km) ITX 청춘 열차는 30분마다(큰 역에만 정차) 있고, 상봉~춘천 간을 운행하는 일반전철은 20~30분마다 있다. 서울 청량리~운길산 간을 운행하는 중앙선 전철은 20~30분 간격으로 다닌다.

● **추천 맛집**

청평호반닭갈비막국수: 닭갈비와 막국수 전문점으로, 청평 시가지를 지나는 자전거길 옆에 있다. ▶ **위치**: 경기도 가평군 청평면 강변로 45-7 ▶ **문의**: 031-585-5921

함지박: 청국장과 손두부 전문점으로, 자전거길과 가까운 상천역 앞에 있다. ▶ **위치**: 경기도 가평군 청평면 상천역로 19번길 14 ▶ **문의**: 031-584-9767 ▶ **홈페이지**: 함지빅.kr

송원막국수: 막국수가 맛있기로 유명한 집이다. 경강교를 건너기 전 시내 방향으로 500m 지점에 위치해 있다. ▶ **위치**: 경기도 가평군 가평읍 가화로 76-1 ▶ **문의**: 031-582-1408

춘천왕닭갈비: 춘천의 명물 닭갈비 맛집이다. 남춘천역 앞에 있다. ▶ **위치**: 강원도 춘천시 충혼길 7 ▶ **문의**: 033-244-1577

양 평 ~ 원 주 섬 강 길

남한강~섬강 따라
강원도 원주까지 200리

남한강의 지류인 섬강에 자전거길이 생기면서 강원도 원주도 수도권 자전거도로망에 연결되었다. 남한강 자전거길~섬강 자전거길을 거치면 원주 외곽에 도착한다. 양평역에서 출발해 원주 동화역까지 갔다가 올 때는 철도를 이용하는 여정이다. 철도(무궁화호)는 접이식 자전거를 제외한 일반 자전거는 분해를 해야 승차할 수 있어 3인 이상 단체 투어는 무리가 따른다.

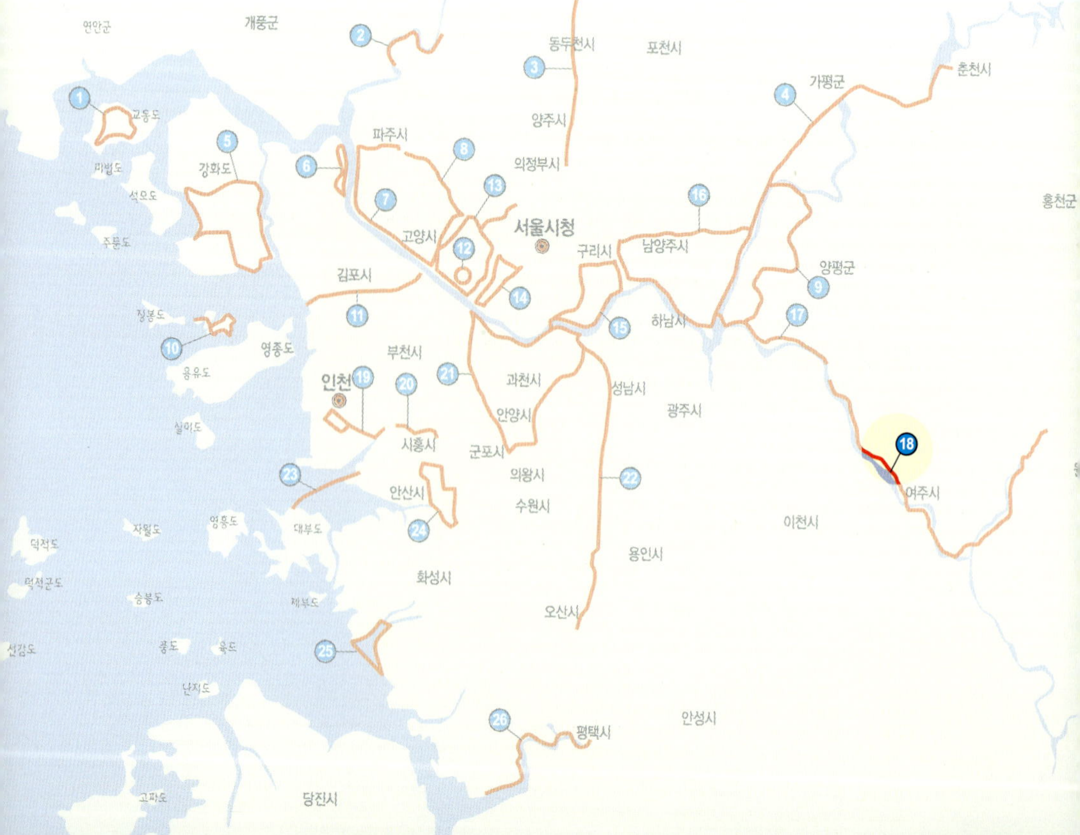

한강에도 섬진강과 뜻이 같은 '두꺼비 강'이 있는데, 바로 섬강이다. 섬진강처럼 두꺼비 섬蟾 자를 쓴다. 횡성 태기산에서 발원해 여주에서 남한강과 합류하는 섬강은 횡성과 원주를 거쳐 73km를 흘러내리면서 강원도 남서내륙을 적신다. 산간지대를 흐르면서 마치 계곡처럼 깨끗하고 맑은 물길도 섬진강을 빼닮았다. 섬강의 절경지대인 간현유원지 부근에 있는 두꺼비 형상의 바위에서 이름이 유래했다고 한다.

남한강 합수점에서 원주 근교까지 섬강에도 자전거길이 조성되어 강원도의 대표도시인 원주까지 수도권 자전거도로망에 사실상 포함되었다. 여기에 또 하나 희소식이 있으니, 서울~양평~서원주 간 중앙선 철도가 복선전철로 바뀐 것이다. 그렇다면 서울이나 양평에서 출발해 원주까지 라이딩한 다음, 올 때는 철도를 이용할 수 있는 것이다. 그 반대도 마찬가지다.

여기서는 양평역에서 출발해 원주 외곽의 동화역까지 80km를 갔다가 열차로 돌아오는 여정을 소개한다.

양평역 기점이
편한 이유

섬강을 거쳐 원주까지 가는 여정에서 양평역을 출발점으로 잡은 데는 몇 가지 이유가 있다. 우선 남한강 자전거길이 바로 옆으로 지나고, 서울 등 수도권에서 접근하기 편하다. 남한강과 나란히 달리던 중앙선이 양평역 이후에는 내륙으로 급선회해서 자전거길과 헤어지기 때문에 오갈 때 거점으로 삼기에 적절하다. 동화역까지 편도 80km 정도의 거리도 하루 여정으로 알맞다. 양평역에서 먼저 라이딩으로 동화역까지 갔다가 열차편으로 돌아오는 일정이다. 다만, 동화역까지는 수도권 전철이 운행하지 않아 일반 열차(무궁화)를 이용해야 한다.

양평역에서 맞은편 직선로를 따라 400m 가면 남한강변이다. 언덕 아래로 남한강 자전거길이 지나지만 바로 진입하기 어려우므로 좌회

256

전해서 700m 가면 양평교 북단을 지나 작은 야산 옆으로 데크 자전거길이 시작된다. 지금부터는 완만한 언덕에 자리 잡은 강마을과 작은 들판이 번갈아 나타나는 고즈넉한 전원풍경 속으로 들어간다.

6.8km 가면 강변길은 끝나고 도로를 따라 구미리고개를 넘어야 하는데, 900m나 되는 경사도 10%의 만만치 않은 오르막이 남한강길 최고의 고비다. 대신 고개를 넘으면 황새의 알을 형상화한 이포보까지 가는 데는 일사천리다. 이포보 오토캠핑장을 지나 둑 위로 올라서면 사방이 둑으로 둘러싸인 여주저류지가 거대하게 자리한다. 여주저류지는 홍수 때 물을 담아두는 곳으로, 길이가 3.5km에 달하며 평소에는 공원으로 활용된다.

측우기 모양의 여주보를 건너면 곧 여주 시내로 접어든다. 건너편 강언덕에 보이는 정자는 여주의 명승인 신륵사다. 강천보까지 지나면 큰 마을도 줄어들어 이제는 전원이라기보다 '시골' 느낌이 완연하다. 섬강 자전거길로 들어서기 전 44.5km 지점에서 마지막으로 만나는 비경은 바로 강천섬이다. 아무런 장식 없이 넓은 잔디밭과 은행나무 가로수길뿐이지만 이런 단순함과 사소한 잡음조차 들리지 않는 적요가 흉금을 흔든다. 은행잎이 노랗게 물드는 가을에는 실로 별세계다. 자전거길은 섬을 관통해서 강천리 언덕으로 올라가 마침내 섬강을 만난다.

만추의 강천섬 은행나무 길은 정녕 몽환경이다. 진노랑과 하늘색만 있으면 비현실적인 구상화가 그려진다.

섬강,
완벽한 적막강산

영동고속도로와 함께 나란히 섬강 위를 지나는 섬강교를 건너 자전거길 표식을 따라 왼쪽으로 내려서면 섬강 둔치다. 여기서 좌회전해서 500m 가면 남한강과의 합수점이다. 섬강길은 우회전해야 나온다.

섬강 자전거길은 초입부터 무인지경에 적막강산이다. 이제부터 강원도라고 생각하니 인적 드문 산골짜기 풍경이 당연하게 느껴진다. 두꺼비오토캠핑장을 지나 산기슭의 한가로운 길을 조금 가면 갑자기 채석장이 길을 막는다. 발파작업을 하지 않을 때는 자전거를 들고 공사장을 지나갈 수 있지만 발파작업중일 때는 왔던 길을 되돌아서 49번 지방도로 우회해야 한다.

산기슭을 벗어나면 이제는 문막 들판이다. 영동고속도로 문막휴게소가 있는 곳이어서 지명은 귀에 익지만 한적한 들판에서 만나는 문막은 전혀 다른 새로운 지방 같다. 장대한 둑길에 나 있는 자전거길은 문막휴게소 근처를 지나간다. 강에서 조금 떨어진 문막 읍내를 벗어나면 강줄기는 산악지대로 들어서면서 강원도의 진면목을 실감하게 한다. 여정의 종점인 간현유원지가 멀지 않았다.

철 지난 간현유원지는 열차가 끊긴 폐철교가 레일바이크로 되살아나 협곡을 건너고, 기암절벽을 따라 맑은 여울이 흘러 차분하다. 여기

강천보에서 바라본 상류쪽 풍경. 멀리 영동고속도로 남한강교를 지나면 강천섬을 거쳐 섬강 합수점이 나온다.

서 방향을 되돌려 동화역으로 가서 일정을 마무리한다. 간현유원지는 서원주역에서 더 가깝지만 이 역은 평창동계올림픽을 앞두고 원주~강릉 간 철도의 기점이 되어 2017년 개통 예정이다. 동화역은 서원주역에서 원주 방면으로 도로를 따라 2km가량 더 가야 한다. 시골 간이역의 우수가 맴도는 동화역에서 양평이나 서울 방면 무궁화호는 1시간 정도 간격으로 운행한다.

- ● **코스**　양평역 → 구리미고개(8.0km) → 이포보(14.6km) → 여주보 (27.5km) → 강천보(38.7km) → 강천섬(44.5km) → 섬강 자전거길 초입(52.1km) → 문막휴게소(63.1km) → 서원주역(71.9km) → 간 현유원지(75.1km) → 동화역(80.1km). 약 6시간 30분 소요.

- ● **여행 팁**　코스가 길어서 종일 일정으로 잡아야 한다. 동화역으로 가서 섬강길을 타고 되돌아오거나 양평역에서 라이딩을 먼저 시작 해도 좋다. 양평역 이전의 팔당역이나 운길산역에서 출발하면 편도 100km 이상의 코스가 된다. 섬강길 초입의 채석장은 작 업이 없을 때도 있지만 길이 아예 막혀 있어서 자전거를 들고 지나가야 한다. 가능하면 섬강교에서 남한강 합수점으로 내려 와 49번 지방도로 우회하는 것이 안전하다.

  서울~원주 간에는 수도권 전철처럼 전동차가 다니지 않는다. 전동차는 양평역 다음의 용문역이 종점이고, 그 이후는 무궁화 와 ITX-새마을 같은 일반 열차가 다닌다. 때문에 접이식 자전 거가 아니라면 분해를 해야 승차할 수 있고, 승차하더라도 자 전거 둘 공간이 마땅치 않다. 객차 사이의 복도나 객차 맨 뒤 쪽 공간을 활용한다. 두 좌석을 끊어 옆에 두는 방법도 있다.

- ● **추천 맛집**　**천서리막국수**: 이포보 근처의 천서리 막국수촌에 있다. 수육 과 곁들이는 막국수가 별미다. ▶ **위치**: 경기도 여주시 대신 면 여양로 1976 ▶ **문의**: 031-883-9799 ▶ **홈페이지**: www. chunseori.com

  청심정: 여주 시내 자전거길 옆 강변에 있다. 매운탕 전문점으 로 TV 프로그램에도 소개되었다. ▶ **위치**: 경기도 여주시 강변로 60 ▶ **문의**: 031-886-2580 ▶ **홈페이지**: www.janganara.com

토담순두부: 섬강교를 넘어가기 직전 작은 고갯길 초입에 있
다. 순두부와 두부버섯전골 전문점이다. ▶ **위치**: 경기도 여주
시 강천면 섬강로 46 ▶ **문의**: 031-886-6371

간현손칼국수: 폐역된 간현역 앞에 있다(지금은 원주 레일바이크
터미널이다). 칼국수와 돈까스 전문점이다. ▶ **위치**: 강원도 원주
시 지정면 간현로 155 ▶ **문의**: 033-732-3111

고개만 줄줄이,
근교에서 맛보는 본격 산악지대

양평은 서울과 지척이지만 들판을 찾아보기 어려울 정도로 온통 산악지대를 이룬다. 경기 남부의 최고봉인 용문산(1,157m)을 위시해서 높은 산이 즐비하고, 그 사이에는 깊은 계곡도 숱하다. 그 중 서쪽 산간지대를 일주하는 '투르 드 업힐' 코스는 이름처럼 4~5개의 고개를 넘어가는 고개 투어다. '투르 드 업힐'을 완주할 수 있다면 수준급의 업힐 실력을 인정받는 것이다.

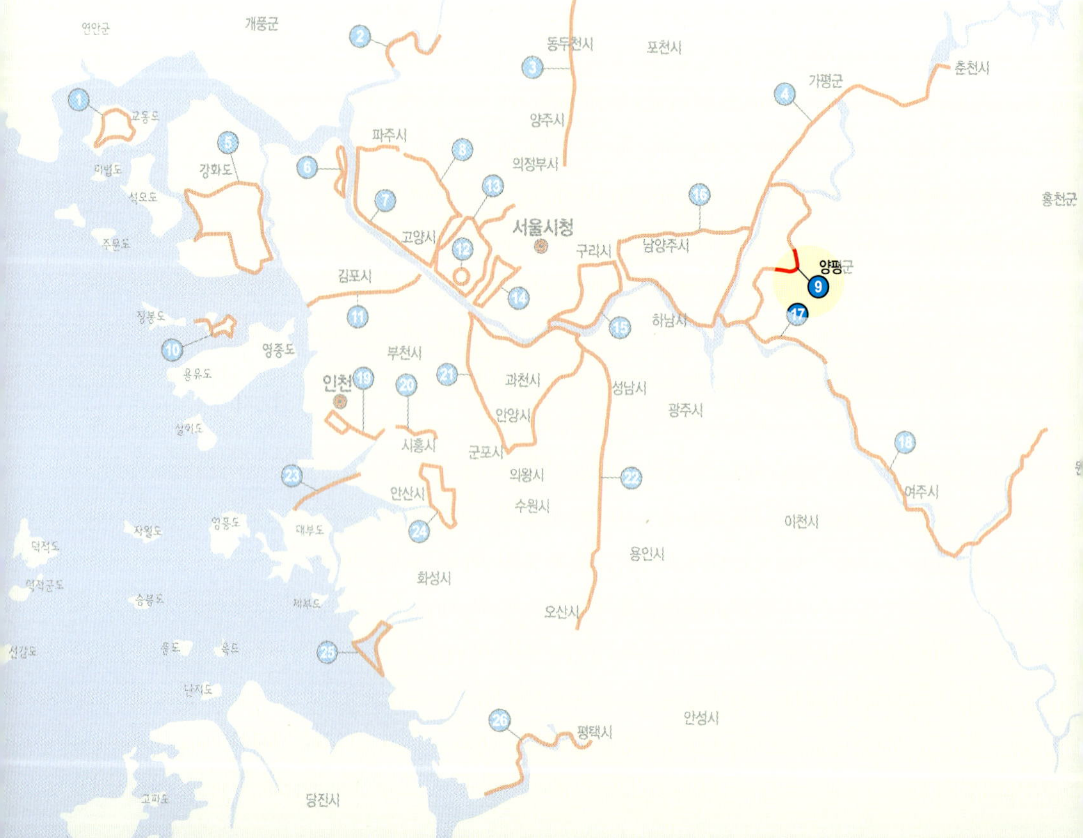

숨은 가빠 목까지 차오르고, 한계에 이른 심
장은 터질 듯이 고동친다. 다리 근육은 힘이 다해 곧 주저앉기 직전이
며, 얼굴은 고통과 체력의 한계에 일그러진다.

'왜 자진해서 이 힘든 짓을 하고 있는 거지?' 마치 하늘로 이어진 듯
눈앞으로 아득히 펼쳐진 오르막을 보면서 저절로 이렇게 자문한다.
몸과 마음 모두 '더이상 안 돼!'라고 비명을 지르듯이 고역에 힘겨워
한다. 고갯길은 끝이 어딘지도 모를 정도로 급하게 치솟아 있고, 자전
거는 걷는 속도로 겨우겨우 비틀대며 오른다.

그래도 자전거는 악몽 같은 고개를 동경한다. 고개를 두려워하는
한편 사랑하지 않는다면 두 바퀴와의 사랑이 그다지 깊지 않은 것이

분명하다. 그런 사랑을 확인하기 위한 가장 쉬운 방법은 바로 양평에 있는 '투르 드 업힐' 코스에 도전하는 것이다. 다만 4개의 고개를 넘어야 하고 총 거리가 70km 이상이기 때문에 초보자에게는 다소 무리인 코스다.

낮지만 만만치 않은
고개 열전

수도권 동호인들끼리 양평 일대의 고개를 연거푸 오르는 루트를 '투르 드 업힐Tour de uphill'이라고 이름 붙였다. 그 유명한 투르 드 프랑스Tour de France(프랑스 일주 자전거대회로 매년 7월 프랑스 전역 3,600km 정도를 3주간 달리는 세계 최고 권위의 엘리트 경기)에 빗댄 이름이다.

두물머리로 유명한 양수리에서 출발해 벗고개(벚고개라고도 한다)~서후고개~명달고개~다락재~비솔고개~용문으로 이어지는 5개의 고개를 넘는 악몽의 코스다. 하지만 이 고개들은 대관령(832m)·운두령(1,014m)·한계령(922m)과 같은 강원도의 큰 고개들에 비하면 훨씬 낮은 편이다. 해발 기준으로 벗고개(237m)·서후고개(312m)·명달고개(341m)·다락재(281m)·비솔고개(390m)에 불과하다. 그러나 고개는 해발고도가 아니라 초입에서 고갯마루까지의 실제 비고比高와 경

가장 높고 긴 명달고개. 오르막 길이 3.5km, 고도차 240m, 최고경사도 15%의 만만치 않은 장벽이다. 헤어핀 커브를 이룬 고갯길 저편으로 주변 산들이 점점 눈높이로 낮아진다.

사도, 길이가 중요하다. 1,000m가 넘는 운두령도 평창 쪽에서 오르면 비고는 400m에 불과하고, 경사도 역시 8% 내외이며, 길이도 4km 정도다.

　반면 양평의 고개들은 저지대에서 시작되어 비고가 각각 200m 정도 되고, 오르막 길이는 2km 내외지만 경사도가 10%를 넘는 곳이 곳곳에 포진하고 있어 절대 만만한 곳이 아니다. 경사도 100%는 각도로 환산하면 45도가 되므로, 각도는 % 수치의 절반 정도라고 보면 된다.

일반적으로 8% 이상이면 상당한 경사가 느껴진다(61쪽의 '경사도 이해하기' 참조).

업힐은 오르막을 오른다는 뜻으로, 자전거를 타는 사람들에게는 최악의 고역이다. 하지만 이 고역을 자진해서 즐기는 사람도 많다. 오르막만 오르는 힐클라임Hill climb 대회는 국내는 물론 세계적으로도 인기다.

자전거도, 대부분의 사람들도 꺼려하는 업힐의 매력은 무엇일까. 그것은 한마디로 땀과 노력의 승리요, 몸과 정신력의 건재를 증명하는 희열이다. 고갯마루에 서서 힘겹게 올라온 길을 내려다볼 때의 성취감과 보람은 힘든 인생 여정을 통과해서 되돌아보는 달관의 심정과도 비슷하다. '과연 내가 저 힘든 길을 올라왔단 말인가!' 하는 스스로에 대한 감탄이 일고, 그런 경탄은 자신감과 자부심으로 승화되어 일상에 생동력을 더해주는 자양분이 된다.

전원주택 즐비한
첩첩산중

여기서는 '투르 드 업힐' 코스를 조금 변형시켜 명달고개를 넘어 북한강 쪽으로 빠지는 순환코스로 완성해본다. 용문까지 가면 편도 코스가 되고 코스도 90km 이상으로 길어져 초보

서울 지척에서 만나는 산간오지 풍경. 양평 '투르 드 업힐' 코스가 지나는 서종면 정배리의 한 식당
에 마른 장작이 그득 쌓여 있다. 서울에서 조금만 벗어나도 한적한 전원과 산간 풍경을 쉽게 만날
수 있다.

딱지를 뗄 정도가 되면 한 번쯤 도전해볼 수 있는 단축 순환코스를 생

각해본 것이다.

　양수역을 출발하면 먼저 벗고개를 넘는다. 곧추선 것 같은 벗고개
업힐에서 몸과 마음이 비명을 지르지만 희한하게도 어떤 고개도 정상
에 서는 순간 모든 고통을 바로 잊는다. 뿌듯한 성취감과 함께 신나는
다운힐down hill(내리막 주행)이 기다리기 때문이다. 짧은 터널을 이룬

양수역이 멀지 않은 강변길에서 되돌아본 북한강. 길은 물줄기의 뒤틀림을 따라 한 몸처럼 부드러운 만곡을 그린다. 서울춘천고속도로가 지나는 서종대교 뒤로 가평 고동산(600m)이 우뚝하다.

벗고개를 내려가 수능삼거리에서 우회전하면 서후고개가 쉴 틈 없이 바로 닥친다. 벗고개를 넘으면 강원도를 방불케 하는 첩첩산중이다. 길가에는 예쁜 전원주택과 펜션이 즐비해서 오지라기보다는 산뜻하고 세련된 느낌을 준다.

서후고개는 벗고개보다 길고 높지만 경사도는 조금 덜하다. 서후고개를 넘어간 정배리도 펜션과 전원주택으로 가득하다. 이제 최난 구간인 명달고개가 보인다. 초입부터 산기슭을 감고 오르는 오르막길이 아득하게 느껴지는 분위기는 엄청나게 높은 고개 같다. 비고 240m, 길이 3.5km이니 서울의 대표적인 업힐코스인 남산이나 북악산을 능가한다. 경사도는 8~10%인데, 일부 커브 구간은 순간적으로 15%를 넘는다. 하지만 이미 벗고개와 서후고개를 넘은 가다이 붙은 몸이리 천천히 차근차근 오르면 결국 오르지 못할 고개는 없다.

명달고개는 오르기 힘든 만큼 길고 짜릿한 내리막으로 보상해준다. 노문리까지 거의 6km에 달하는 내리막으로, 인적 없는 도로를 쾌속으로 질주하면 기나긴 명달계곡을 순식간에 지나치고 만다.

서울춘천고속도로가 지나는 노문삼거리는 이번 코스에서 마지막 고개인 다락재의 기점이기도 하다. 다락재를 넘어 청평댐~북한강길을 거쳐 출발지인 양수역까지는 아직 40km나 되지만 이 고개만 넘으면 대부분 평지라는 것에 위안을 삼는다.

청평호~북한강
자전거길로 귀환

           다락재는 본격적인 업힐이 끝나면 고갯마루가 어디인지 명확하지 않을 정도로 한동안 등고선을 따라 산허리를 돌아간다. 발밑으로는 프리스틴밸리와 마이다스밸리 골프장이 곡달산(628m) 중턱을 모두 차지하고 있는 진풍경이 펼쳐진다. 고개를 내려서면 청평의 명산인 화야산(755m)과 곡달산 사이의 협곡지대가 길게 뻗어난다. 계곡을 벗어날 즈음 길은 다시 짧은 오르막을 거쳐 완만한 솔고개(155m)에 도착한다.

    솔고개에서는 청평 방면 37번 국도로 좌회전한다. 여기서 신청평대교를 건너기까지 약 10km의 거리는 자전거도로가 없는 일반 국도 구간이므로 안전에 유의한다. 초반 4km 정도는 완만한 내리막으로, 산을 벗어나면 산간지대에 기적처럼 자리한 청평호가 아름답게 펼쳐져 있다.

    신청평대교를 건너 둔치로 내려서면 북한강 자전거길이다. 여기서 출발지인 양수역까지는 23.5km로, 가는 내내 평탄하고 풍광 좋은 북한강과 함께 달린다.

● **코스**   양수역 → 벗고개 터널(7.4km) → 서후고개(15.2km) → 명달고개 입구 삼거리(18.9km) → 명달고개(22.6km) → 다락재 입구 삼거

리(29.9km) → 솔고개(37.7km) → 신청평대교(47.2km) → 양수역 (70.7km). 약 6시간 소요.

- ● **여행 팁** 4개의 가파른 고개와 전장 70km의 장거리, 그리고 차량 통행이 적지만 일반도로 구간이 2/3나 되므로 초보자에게는 추천하지 않는다. 코스의 난이도와 거리를 감안해 하루 일정으로 잡아야 한다. 산간지대에서는 식당과 매점이 드물어 행동식과 식수를 충분히 챙긴다.

- ● **추천 맛집** **정배리식당**: 백반과 떡만두국이 푸짐하고 맛나다. 정배삼거리에서 명달고개 방면 350m 지점에 있으며, 오후 5시까지만 운영한다. ▶ **위치**: 경기도 양평군 서종면 중미산로 817-1 ▶ **문의**: 031-773-6088

  솔고개식당: 솔고개 정상 삼거리에 있다. 청국징·된장찌개·멸치국수 전문점이다. ▶ **위치**: 경기도 가평군 설악면 유명로 1837 ▶ **문의**: 031-584-4408

『반나절이면 충분한 수도권 자전거 여행』
저자와의 인터뷰

Q 『반나절이면 충분한 수도권 자전거 여행』을 소개해주시고 이 책을 통해 독자들

에게 주고 싶은 메시지는 무엇인지 말씀해주세요.

A 이 책은 초보자가 자전거를 타고 좀더 멀리 가서, 여행 기분을 느

껴보고 싶을 때 도움을 드리기 위해 쓰였습니다. 우선 수도권으로

범위를 한정한 것은 서울을 중심으로 수도권 일대가 세계 최고의

자전거도로 밀도를 자랑하기 때문에 자전거 타고 다닐 곳이 너무

나 많지만, 타고 다닐 데가 없다고 생각하는 분들 역시 그만큼 많

기 때문입니다. 서울·인천·경기를 포함한 수도권에는 거미줄처

럼 나 있는 전철망 못지않게 자전거도로망이 조성되어 있습니다.

따라서 수도권에 살면서 자전거를 타지 않는다는 것은 전철을 이

용하지 않는 것처럼 문명의 큰 혜택을 저버리는 손해라고 생각합
니다.

Q 대부분의 사람들은 자전거를 탈 수 있는 도로가 한강 변에만 있는 것으로 알고 있습니다. 수도권에 있는 자전거 전용도로를 소개해주세요.

A 흔히들 '한강 자전거 도로'라고 표현하고 또 한강에만 자전거도로가 있다고 알고 있지만, 반드시 틀린 말은 아닙니다. 그런데 이때 '한강'을 한강 본류만을 떠올리는 데서 오해가 시작됩니다. 주위에는 한강으로 흘러드는 작은 물줄기인 지류가 수없이 많이 있습니다. 서울과 주변 도시를 흐르는 한강 지류에는 거의 100% 자전거도로가 나 있습니다. 본류까지 포함해서 총 400km에 달히는 엄청난 자전거도로망이지요. 강과 하천 변에 자전거도로가 많은 것은 건설비가 적게 들고 경치가 좋기 때문입니다. 강의 둔치 외에 신도시를 중심으로 한 일반도로 변에도 안전한 자전거 도로가 속속 생겨나고 있습니다.

Q 초보자나 노약자도 큰 부담 없이 길을 찾고 완주할 수 있는 코스를 소개해주세요.

A 이 책에서 소개된 코스들 중에 장거리나 외곽 코스를 제외하면 초보자나 노약자도 큰 어려움 없이 완주할 수 있습니다. 주행거리가 30km 정도이고 고개가 없어서 초보자도 3시간이면 충분하지요. 그 중에서도 서울 한강을 중심으로 해서 순환할 수 있는 마우

스 코스·세검정 코스·가오리 코스·아라뱃길 코스가 가장 쉽겠군요. 개인적으로는 갈 때나 돌아올 때 한 번은 전철을 활용하는 코스를 권해드리고 싶습니다. 좀더 외곽으로 나갈 수 있고, 전철과 자전거를 병행해서 여행의 폭과 깊이가 더해집니다. 자유로~공릉천 연결 코스나 의정부에서 소요산까지, 팔당역에서 양평 두물머리로 가는 코스 등을 추천합니다.

Q 책에서 소개된 코스들 중 특별히 추천하고 싶은 경관이 아름다운 코스가 있다면 소개해주세요.

A 경관만을 기준으로 한다면 북한강 자전거길의 가평~춘천 구간, 여주에서 원주까지의 섬강 자전거길, 평택역~아산만방조제 간의 평택호(아산만이라고 하지요) 호반길을 들고 싶습니다. 바다를 가르며 곧게 뻗은 시화방조제와 화성방조제는 대단히 장쾌합니다. 강화도 서해안의 외포~후포 간 해안도로는 수도권 해안도로의 백미입니다. 김포반도 북단과 강화 교동도는 북한 땅을 보며 철책선과 함께 달리는 특별한 경험을 할 수 있습니다.

Q 편도 코스는 되돌아올 때가 걱정일 것 같습니다. 되돌아오기에 편한 코스를 소개해주세요.

A 좋은 지적이시지만 오해할 만한 부분도 있습니다. 처음 가는 편도 코스는 그대로 왕복하는 것이 좋다는 것입니다. 오갈 때 보는 풍경

과 길의 오르내림이 전혀 다르거든요. 그래도 새로운 길을 원하시는 분들을 위해 이 책에서는 가능하면 순환 코스를 잡았습니다. 파주 평화누리길과 인천 소래포구~시흥 물왕저수지 코스를 제외하면 대부분 새로운 길로 돌아오는 순환 코스입니다. 제가 편의상 이름 붙인 마우리·가오리·세검정 코스가 초보자에게는 부담이 적고, 좀더 장거리를 타고 싶다면 하트 코스와 남양주 일주 코스를 권합니다.

A 전철과 자전거는 여행에서 최고의 궁합입니다. 몇 년 전부터 수도권 전철에 자전거 탑승이 편해지고 있어서 다행입니다. 시내 전철은 주말과 휴일 외에는 자전거를 들고 탈 수 없지만 접이식 자전거는 접은 상태로 언제든 승차가 가능합니다. 특히 외곽으로 이어지는 경의선·경원선·중앙선은 평일에도 전철 맨 앞과 맨 뒤칸에 자전거를 실을 수 있습니다. 전철을 활용하면 오갈 때 체력과 시간을 아낄 수 있어 자전거 여행이 한결 폭 넓어지고 다채로워집니다. 대체로 돌아올 때 전철을 이용하는 경우가 많아 휴일에는 붐비는 경우가 많으니 갈 때 전철을 이용해도 좋습니다. 앞에서도 말씀드린 파주·소요산·오산·춘천·양평 코스를 추천합니다.

A 여기서 '반나절'은 마음도 몸도 가볍게 시도해볼 수 있는 코스라
는 약간은 비유적인 표현입니다. 대체로 3~4시간 코스지만 집에
서 가깝지 않다면 실제로는 하루 일정을 잡아야 할 겁니다. 이 정
도의 거리라도 안전장비·수리장비·간식 같은 기본 준비물은 챙
겨야겠지요. 헬멧과 장갑은 습관처럼 꼭 갖추시고 간단한 수리공
구와 휴대용 펌프, 에너지바와 물도 필요합니다. 서울 주변은 코스
가까이 매점이나 정비소가 있지만 외곽 코스 중에는 한적한 곳도
있기 때문에 바퀴에 펑크가 난 경우에는 혼자서 처리할 수 있도록
미리 요령을 익히기 바랍니다.

A 자전거는 최고의 여행수단이면서 운동이기도 하지요. 그래서 에
너지 소모가 많아 허기가 빨리 찾아오고 사전에 영양식을 든든히
먹어야 합니다. 땀을 흘리고 나서 먹는 맛있는 음식은 정말 큰 즐
거움이지요. 이 책에서는 코스마다 괜찮은 맛집들을 소개했습니
다. 제 주관적으로 판단한 곳도 있고, 자전거 동호인들이 많이 찾
는 곳도 있습니다. 개인적으로는 국수와 면류를 좋아하는데요. 여
러 가지 코스의 분기점이 되는 행주산성 일대에는 맛난 국수집과

278

국밥집이 몇 곳 있습니다. 아라뱃길과 공릉천 코스에는 수타짜장면으로 유명한 곳이 있고요. 조금 멀리 가평에는 막국수 명가가 있고, 춘천에는 닭갈비 맛집이 지천이지요.

A 사고는 몸과 자전거 두 측면에서 볼 수 있습니다. 노약자와 동행하거나 여러 명이 움직인다면 간단한 구급낭을 챙겨야 합니다. 치명적인 사고는 대부분 자동차로 인해 일어나므로 자동차와 함께 달리는 구간에서 특히 조심해야 합니다. 가장 흔하고 치명적인 자전거 고장은 펑크와 체인 이탈입니다. 펑크는 휴내용 공구만으로 수리할 수 있지만 사전에 연습이 필요하고, 체인 이탈도 요령만 알면 쉽게 수리할 수 있습니다. 자전거는 자동차보다 적정 타이어 공기압이 더욱 중요합니다. 공기압이 높으면 자전거가 잘 나가지만 통통 튀어 승차감이 떨어지며 미끄러지기 쉽고, 너무 낮으면 잘 나가지 않고 펑크가 나기 쉽죠. 타이어 옆면에 적정 공기압이 표시되어 있는데, 책이나 인터넷에서 요령을 익히고 전용공구를 구비하면 멀리 가도 마음이 한결 든든합니다.

A 여기에 소개된 코스는 서울을 중심으로 반나절 또는 하루에 다녀올 수 있는 곳들입니다. 자신의 거주지 주변의 코스부터 하나씩 섭렵해가는 것이 좋지 않을까 싶습니다. 책 앞쪽에 코스의 개략적인 위치도가 들어 있고, 상세지도는 별책부록으로 포함되어 있습니다. 출발하기 전에 코스 소개 기사와 사진 등을 읽고 현장에는 가뿐하게 지도만 휴대하시면 편할 겁니다. 자신의 현재 위치 확인이나 주변 지형지물 파악을 위해서는 스마트폰의 지도 애플리케이션을 함께 활용하면 좋습니다.

스마트폰에서 이 QR코드를 읽으면
저자 인터뷰 동영상을 보실 수 있습니다.

* 원앤원스타일 홈페이지(www.1n1books.com)에서 상단의 '미디어북스'를 클릭하시면 이 책에 대한 더욱 심층적인 내용을 담은 '저자 동영상'과 '원앤원스터디'를 무료로 보실 수 있습니다.
* 이 인터뷰 동영상 대본 내용을 다운로드하고 싶으시다면 원앤원스타일 홈페이지에 회원으로 가입하시면 됩니다. 홈페이지 상단의 '자료실–저자 동영상 대본'을 클릭하셔서 다운로드하시면 됩니다.

만추의 북한강 자전거길. 두 바퀴가 없는 강변길에는 낙엽과 바람만이 뒹군다. 텅 비어토 가득 찬 느낌을 주는 것은 인간적이고 소박한 자전거길만의 특징이다.

국내 최초의 전망대 여행 가이드북

한번쯤은 꼭 가봐야 할 한국의 전망대 여행

김병훈 지음 | 값 17,000원

이 책은 기존의 전망대뿐만 아니라 산봉우리나 언덕까지도 망라해 주변 경관이 아름답고, 맑은 날 먼 곳까지 보기에 좋은 한국의 전망대를 소개한다. 특히 그 중에서도 쉽고 편하게 갈 수 있는 곳으로 한정해, 산꼭대기라도 자동차로 최대한 진입할 수 있거나 걸어서 20분 이내에 갈 수 있는 56곳을 엄선했다. '국내 최초로 만나는 전망대 여행 가이드북'이라는 이제까지의 여행책들과는 다른 테마로 색다른 즐거움을 선사할 것이다.

자전거 한 대로 제주도의 진수를 만끽하는 법!

자전거 타고 제주여행

김병훈 지음 | 값 16,000원

대한민국 NO.1 자전거 멘토인 김병훈 대표가 20여 년간 두 바퀴의 자전거로 제주도를 수없이 누비며 찾아낸 제주도여행의 최적의 자전거 코스를 소개한 책이 출간되었다. 제주도 해안코스 13구간과 중산간지대(오름지대, 곶자왈)와 우도까지, 자전거코스 위주로 제주의 구석구석을 소개했다. 특히 저자가 직접 자전거를 타고 여행했기 때문에 라이딩을 즐기면서도 제주도를 충분히 돌아볼 수 있는 유용한 정보들이 가득하다.

자전거를 타는 사람이 가장 알고 싶은 81가지

자전거의 거의 모든 것

김병훈 지음 | 값 17,000원

자전거를 탈 때의 올바른 자세, 주행 방법, 점검과 정비 방법, 자전거 포장과 운반 방법까지 이 한 권의 책만 있다면 자전거를 타는 사람들이 알고 싶어하는 궁금증을 해결할 수 있다. 여행지를 찾아가는 방법, 추천 코스, 숙박 시설과 맛집 등을 소개해 직접 자전거를 타고 찾아가는 재미를 선사한다. 또한 자전거길 코스 지도를 특별부록으로 수록해, 지도 한 장만 들고도 자전거 라이딩을 하며 멋진 풍경을 즐길 수 있도록 했다.

내 손의 온기를 느끼는 시간, 반 고흐를 필사하다

반 고흐, 인생을 쓰다

빈센트 반 고흐 지음 | 강현규 엮음 | 이선미 옮김 | 값 13,000원

반 고흐의 작품만큼 큰 감동을 선사하는 게 바로 반 고흐의 편지다. 그의 편지는 한 인간으로서의 고뇌와 예술가로서의 갈등이 담긴 숭고한 메시지로, 그 중에서도 필사하기에 좋은 주옥 같은 내용을 엄선해 필사 책으로 엮었다. 중간 중간 반 고흐의 작품들도 함께 실어 필사의 즐거움을 더했다. 필사를 하면 할수록 인간적인, 너무나 인간적인 반 고흐의 편지에 마음속 깊이 감동하게 될 것이며, 삶에 대한 뜨거운 열정이 솟아날 것이다.

마음에 새기는 긍정 한 줄

하루에 5번 긍정하면 인생이 행복해진다

강현규 엮음 | 값 13,000원

행복해지기로 결심한 그 순간 우리는 행복해질 수 있다. 52주 다이어리 형식으로 구성된 긍정노트에 하루 5번 행복했던 일들을 적어보자. 그날 하루 행복했던 일이 떠오르지 않는다면 이 책에 나온 긍정의 말과 명언을 필사해도 좋다. 잠자리에 들기 전 이 책을 펼쳐놓고 그날 하루 행복했던 일들을 찾아 하루에 5번만 써보자. 차곡차곡 쌓인 긍정의 말들이 당신의 일상을, 삶을 바라보는 당신의 시선을 더욱 행복하게 변화시킬 것이다.

마음에 새기는 감사 한 줄

하루에 5번 감사하면 인생이 달라진다

정영훈 엮음 | 값 13,000원

감사하기 가장 좋은 날은 바로 '오늘'이다. 52주 다이어리 형식으로 구성된 감사노트에 하루 5번 감사했던 일들을 적어보자. 그날 하루 감사한 일이 떠오르지 않는다면 이 책에 나온 감사의 말과 명언을 필사해두 좋다 잠자리에 들기 전 이 책을 펼쳐놓고 그날 하루를 정리해보자. 하루를 반성할 수 있는 그 시간도 감사의 시간이 될 수 있다. 이 책과 함께 감사의 기적을 경험해보자.

내 손의 온기를 느끼는 시간, 이솝우화를 필사하다

살고, 사랑하고, 웃으라

이솝 지음 | 정영훈 엮음 | 이선미 옮김 | 값 13,000원

시공을 훌쩍 뛰어넘어 여전히 현대인에게 인생의 지혜를 선사하는 『이솝우화』를 필사하는 책이다. 이 책은 페이지마다 감성적인 사진과 함께 짧은 글을 싣고 반대편에는 필사할 수 있는 여백을 마련했기에, 펜 하나만 가지고 곧바로 필사의 세계로 빠져들 수 있다. 빠르게만 흘러가는 세상 속에서 느리게 읽는 필사의 즐거움을 느껴보자.

잊을 수 없는 내 생애 첫 싱가포르 여행

처음 싱가포르에 가는 사람이 가장 알고 싶은 것들

남기성 지음 | 값 15,000원

이 책은 '진짜' 싱가포르를 만나기 위한 3박 4일간의 일정을 소개한다. 해외여행이 처음이거나 싱가포르 여행이 처음인 사람들을 위해 싱가포르의 풍성한 볼거리, 먹거리, 즐길거리들을 선별해 핵심 장소들로만 일정을 구성했다. 특히 이 책에서 제시한 여행 예산을 참고해 꼼꼼히 따져본 후 여행을 떠난다면 누구보다 알차고 저렴하게 싱가포르를 둘러볼 수 있을 것이다. 이 책을 따라 다채로운 멋을 지닌 싱가포르로 떠나보자.

내 손의 온기를 느끼는 시간, 톨스토이를 필사하다

지금, 여기, 당신

레프 톨스토이 지음 | 강현규 엮음 | 이선미 옮김 | 값 13,000원

세계적인 대문호 톨스토이의 글을 필사하며 나를 돌아보고 싶다면 이 책을 펼쳐보자. 톨스토이가 직접 전하는 인생의 지혜를 톨스토이 특유의 짧고 간결한 문장으로 엮었다. 각 페이지마다 감성적인 사진과 함께 짧은 글을 싣고 한편에는 필사할 수 있는 여백을 마련했기에, 펜 하나와 이 책만 있다면 바로 필사의 세계로 빠져들게 될 것이다. 빠르게만 흘러가는 세상 속에서 느리게 읽는 필사의 즐거움을 느껴보자.

잊을 수 없는 내 생애 첫 페루 여행

처음 페루에 가는 사람이 가장 알고 싶은 것들

남기성 지음 | 값 15,000원

처음 페루 여행을 계획하는 사람들이 가장 알고 싶어하고, 가장 필요로 하는 것만을 정리해 7박 8일의 일정으로 구성한 여행정보서다. 페루는 대개 중남미로 통합해 소개하는데, 이 책은 다른 여행서와는 달리 페루만을 다루고 있어 더 세세한 정보를 제공한다. 저자는 짧은 시간 동안 페루를 보다 알차게 여행할 수 있도록 보석 같은 장소들만을 엄선해 담았다. 잉카제국의 찬란한 문화유산을 간직하고 있는 페루를 마음껏 즐겨보자.

농구전술에 대한 최고의 교과서!

농구를 좋아하는 사람이라면 꼭 알아야 할 농구전술

손대범 지음 | 값 16,000원

공격, 수비, 슛, 리바운드, 패스 등 다양한 농구전술에 대해 농구전문기자인 저자가 현장 경험을 바탕으로 이해하기 쉽게 써내려간 책이다. 전·현직 감독과 선수들을 비롯한 많은 이들을 인터뷰하고, 국내외를 누비며 직접 취재해 유용한 내용을 담은 이 책은 이른바 '농구 교과서'라고 불러도 손색이 없다. 다양한 농구용어를 친절히 설명하며, 경기를 보면서 궁금했을 법한 농구전술에 대해 알기 쉽게 이야기한다.

잊을 수 없는 내 생애 첫 베이징 여행

처음 베이징에 가는 사람이 가장 알고 싶은 것들

하경아 지음 | 값 15,000원

3박 4일간의 베이징 자유여행을 위한 책이 나왔다. 여행 초보자를 위한 항공권 예매, 비자 발급 등 기본적인 정보부터 베이징에 도착해서 관광 명소에 어떻게 가는지, 가서 무엇을 보고, 무엇을 먹어야 하는지 하나하나 알려주며, 지하철 노선도를 중심으로 짜인 3박 4일간의 일정은 대중교통을 이용해 여행을 즐기려는 여행객들에게 최적의 루트를 제공한다. 중국의 수도 베이징에서 과거, 현재, 그리고 미래를 아우르는 여행을 즐겨보자.

잊을 수 없는 내 생애 첫 오키나와 여행

처음 오키나와에 가는 사람이 가장 알고 싶은 것들

남기성 지음 | 값 15,000원

이 책은 오키나와를 처음 여행하는 사람들을 위한 3박 4일간의 일정을 담은 여행 정보서다. 지역별로 동선을 제시해 가장 효율적으로 오키나와를 여행할 수 있도록 했다. 정기 관광버스 및 렌터카에 대한 교통 정보와 꼭 먹어봐야 할 음식에 대한 정보도 꼼꼼히 실었다. 오키나와는 '동양의 하와이'라고 불릴 만큼 아름다운 경관을 자랑한다. 이 책에서 제시한 일정을 따라 태평양이 펼쳐진 에메랄드빛 오키나와를 마음껏 즐겨보자.

잊을 수 없는 내 생애 첫 크로아티아 여행

처음 크로아티아에 가는 사람이 가장 알고 싶은 것들

윤우석 지음 | 값 15,000원

크로아티아를 즐기기 위한 6박 7일간의 여행서인 이 책은 크로아티아를 여행하는 효율적인 일정과 함께 직항 노선이 없는 크로아티아 항공편을 예약하는 방법, 크로아티아 국내선을 이용하는 법, 아파트민드와 같은 숙소를 구하는 방법 등 여행 초보자들이 꼭 알아야 할 정보들을 담았다. 여행을 계획하고 준비하는 방법부터 크로아티아 여행의 핵심 스케줄을 담은 이 책과 함께 아드리아 해의 보물 크로아티아 여행을 즐겨보자.

잊을 수 없는 내 생애 첫 홍콩 여행

처음 홍콩에 가는 사람이 가장 알고 싶은 것들

김인현 지음 | 값 15,000원

이 책은 홍콩을 처음 여행하는 사람이라도 아무 걱정 없이 따라 하면 되는 여행 지침서다. 홍콩의 구석구석을 효율적으로 둘러볼 수 있도록 지역별로 꼼꼼하게 일정을 짰다. 홍콩 여행에서 반드시 해야 할 것, 봐야 할 것, 먹어야 할 것을 좀더 수월하게 선택할 수 있도록 핵심적인 내용만을 담기 위해 노력했다. 이 책에 소개한 3박 4일의 일정을 그대로 따라가다 보면 홍콩의 매력을 제대로 느낄 수 있을 것이다.

잊을 수 없는 내 생애 첫 도쿄 여행

처음 도쿄에 가는 사람이 가장 알고 싶은 것들

남기성 지음 | 값 15,000원

이 책은 처음 도쿄를 여행하는 사람을 위한 최선의 일정을 제시한다. 효율적인 도쿄 여행을 위한 핵심 정보로만 구성한 3박 4일의 일정을 따라가보자. 하루하루 지역별로 꼼꼼하게 동선을 구성해 도쿄를 처음 방문했다고 하더라도 여행하는 데 불편함이 없도록 하는 데 노력을 기울였다. 또한 꼭 들러야 할 명소는 물론 교통 정보까지 수록되어 있어 도쿄 여행이 처음인 사람들을 위한 여행 입문서로 손색이 없다.

의사와 약을 버리고 자연을 가까이하라!

의사가 환자를 만들고 약이 병을 키운다

박명희 지음 | 값 15,000원

이 책은 한국인의 건강양태를 바르게 안내할 건강실용서로, 현대인들이 병에 걸려 아파하는 원인을 인문과 예술, 과학을 포함해 교육·심리·자연·철학에 이르기까지 다양한 분야의 융합적 접근을 통해 이야기한다. 더불어 우리가 잘못 알고 있던 건강상식을 바로잡고, 서양인들의 기준에 맞춰진 서양 문물과 시스템에 얽매이기보다는 한국인에게 어울리는 자연건강법을 설명해주어 건강에 대한 관점을 새롭게 한다.

설탕에 대해 우리가 미처 몰랐던 불편한 진실

설탕, 내 몸을 해치는 치명적인 유혹

캐서린 바스포드 지음 | 신진철 옮김 | 값 14,000원

이 책은 우리가 무의식적으로 섭취하는 설탕에 대한 경각심을 불러일으키고, 설탕에서 벗어나는 방법에 대한 친절한 조언과 식사법, 레시피까지 소개해준다. 이 책에서 주장하는 대로 설탕 섭취에 대한 통제력을 되찾기 위해 노력하다 보면, 어느새 당신의 삶의 다른 영역을 통제할 수 있는 힘도 길러져 있을 것이다. 그러니 좀더 건강한 삶을 위해 지금 당장 이 책을 펼쳐보자.

잊을 수 없는 내 생애 첫 교토 여행

처음 교토에 가는 사람이 가장 알고 싶은 것들

정해경 지음 | 값 17,000원

해외여행이 처음이거나 교토 여행이 처음인 사람들을 위한 책으로, 교토가 처음이라고 하더라도 불편함이 없는 여행이 되도록 구성했다. 다소 넓은 지역까지 아우르고 있는 교토를 가장 효율적으로 여행하기 위해 추천 일정별·지역별로 나누어 동선을 제시한다. 무엇보다 세계문화유산이 즐비한 교토는 아는 만큼 보이는 곳이기에 문화유산 답사에도 지장이 없도록 했고, 추천 일정에는 교토에서 꼭 먹어봐야 하는 음식들을 소개했다.

잊을 수 없는 내 생애 첫 쿠바 여행

처음 쿠바에 가는 사람이 가장 알고 싶은 것들

남기성 지음 | 값 15,000원

'지상 최대의 아름다운 낙원'이라고 칭송받는 쿠바! 이 책은 처음 쿠바에 가는 사람을 위한 최고의 여행 길라잡이다. 누구나 따라 하기 쉬우면서도 가장 효율적으로 쿠바를 여행할 수 있도록 핵심정보만 뽑아 6박 7일 일정으로 구성했다. 별다른 준비 없이 이 책만 펼쳐도 미처 알지 못했던 쿠바의 매력을 알게 됨과 동시에 여행에서 반드시 해야 할 것, 봐야 할 것, 먹어야 할 것에 대한 선택을 보다 분명히 내릴 수 있을 것이다.

잊을 수 없는 내 생애 첫 타이완 여행

처음 타이완에 가는 사람이 알고 싶은 것들

해외여행 경험이 별로 없는 이들도 타이완으로 첫 해외여행을 떠날 수 있게 도와주는 여행정보서다. 이 책과 항공권만 들고 누구나 자신감을 가지고 쉽게 타이베이로 떠날 수 있도록 여행 초보자에게 완벽한 가이드를 제시한다. 단순히 관광지를 가는 법을 글로만 설명한 것이 아니라 관광지에 도착할 때까지의 여정을 사진으로 한 장 한 장 보면서 찾아갈 수 있도록 구성하고 있어, 마치 작가 걷던 길을 따라간다는 느낌을 받을 수 있다.

미국프로농구를 지배하는 세계적인 농구스타들의 모든 것

우리를 행복하게 하는 농구스타 22인

손대범 지음 | 값 19,500원

이 책은 미국프로농구(NBA)에서 활약하며 전 세계 농구팬들을 흥분하게 만들고 있는 농구스타들에 관한 심층적이고도 흥미진진한 이야기를 우리에게 들려준다. 이 책을 읽으며 신수에서 팀으로, 팀에서 농구 그 자체로 시야가 확대되는 과정을 통해 좀더 재미있게 농구경기를 감상할 수 있게 되리라 믿는다. 화려한 미사여구가 아닌 담백한 말들로 진솔하게 풀어낸 이 책은 대한민국 농구팬들에게 또 다른 지침서가 될 것이다.

쁘띠성형에 대해 꼭 알고 싶은 것들

나는 오늘도 예뻐진다

최경희 지음 | 값 15,000원

이 책은 자신을 사랑하는 사람들이 의학적 도움을 받아 스스로 가꾸고 자신감을 갖게 해, 행복하게 살아갈 수 있도록 돕는다. 쁘띠성형에 대해 궁금한 것이 많은데 막상 병원에 가서는 제대로 물어보지 못했던 사람들, 막연히 쁘띠성형을 두려워했던 사람들, 짧은 시간 안에 간단한 시술로 예뻐지고 싶은 사람들이라면 이 책을 읽어보길 바란다. 편안하고 부담 없이 읽으면서 쁘띠성형이 어떤 것인지 이해하는 데 많은 도움이 될 것이다.

스마트폰에서 이 QR코드를 읽으면
'원앤원스타일 도서목록'과 바로 연결됩니다.

독자 여러분의
소중한 원고를 기다립니다

원앤원스타일은 독자 여러분의 소중한 원고를 기다리고 있습니다. 집필을 끝냈거나 혹은 집필중인 원고가 있으신 분은 khg0109@hanmail.net으로 원고의 간단한 기획의도와 개요, 연락처 등과 함께 보내주시면 최대한 빨리 검토한 후에 연락드리겠습니다. 머뭇거리지 마시고 언제라도 원앤원스타일의 문을 두드리시면 반갑게 맞이하겠습니다.